Inhalt

Vorwort 7

1 – Versetzen Sie sich in die Pfoten Ihres Hundes.............. 9

Beobachten Sie das Verhalten Ihres Hundes 10
Fühlen Sie sich in Ihren Hund hinein 11
Denken Sie sich in
Ihren Hund hinein... 13
Tierkommunikation auf telepathisch 16
Verbinden Sie sich mit der Seele Ihres Hundes................. 22

2 – Entdecken Sie die spirituelle Seite Ihres Hundes........ 29

Das besondere Gespür der Hunde 30
Mission Hund – warum es Hunde gibt 33
Ihr Hund ist ein Krafttier 36
Die dunkle Seite des Hundes................................... 39
Verbinden Sie sich mit der Kraft des Hundes 41
Die Seelenvereinbarung mit Ihrem Hund 44
Der spirituelle Umgang mit Trennung, Verlust und Tod 50
Der heilsame Umgang mit dem Tod 52
Verlustangst und Trennung 54
Ein Seelenvertrag mit Verfallsdatum 56
Anleitung für einen sanften Tod 57

3 – Was Sie täglich von Ihrem Hund lernen können – der Hund als Coach und Guru... 65

Hunde leben im Hier und Jetzt 66
Spaziergang im Hier und Jetzt 68
Hunde lieben bedingungslos.................................... 71

Lieben Sie mehr.. 73

Hunde haben einen sechsten Sinn 75

Sind Sie ein Rudelführer mit Ausstrahlung? 79

4 – Selbst-Coaching für Hundebesitzer 83

Hunde sind kein Kinder- und Partnerersatz 84

Wann Vermenschlichung schlecht ist............................... 88

Der Umgang mit Schuldgefühlen 94

Wie Sie Führungsqualitäten entwickeln........................... 99

Mit Ängsten und Verzweiflung umgehen 105

5 – Ganzheitliches Praxis-Coaching für Mensch & Hund bei den häufigsten Verhaltensproblemen............. 111

Ihr Hund ist verhaltensgestört – aber ist er das wirklich? 112

Verhaltensprobleme neu definieren 114

Das Spiegelverhalten Ihres Hundes verstehen................. 123

Die häufigsten Verhaltensprobleme, ihre Ursache und ihre Lösung.. 130

6 – Spirituelle Heilung für Tier und Mensch 191

Was uns Lebensenergie schenkt....................................... 192

Vom Spiegelverhalten des Hundes lernen und sich dabei selbst heilen 194

Die unterschiedlichen Ebenen von Krankheiten 197

Haustiere – unsere Seelenbegleiter.................................. 210

Wege der Heilung 211

Heilung erhöht Ihre Schwingung..................................... 213

Hunde helfen uns, ganz zu werden.................................. 215

Erkennen Sie sich selbst in Ihrem Hund 216

Die tiefere Bedeutung von Erkrankungen Ihres Hundes.............. 224

Schlusswort – Die Mission der Tiere auf der Erde.......... 238

Dank 240

LAURENT AMANN | ASIM ALILOSKI

Die geheime Seele meines Hundes

Und was das Verhalten meines Hundes
über meine Persönlichkeit
aussagt

mvgverlag

Bibliografische Information der Deutschen Nationalbibliothek
Die Deutsche Nationalbibliothek verzeichnet diese Publikation in der Deutschen Nationalbibliografie.
Detaillierte bibliografische Daten sind im Internet über http://dnb.d-nb.de abrufbar.

Für Fragen und Anregungen:
info@mvg-verlag.de

2. Auflage 2019
© 2017 by mvg Verlag, ein Imprint der Münchner Verlagsgruppe GmbH,
Nymphenburger Straße 86
D-80636 München
Tel.: 089 651285-0
Fax: 089 652096

Sämtliche Inhalte dieses Buchs wurden nach bestem Wissen und Gewissen recherchiert und sorgfältig geprüft. Trotzdem stellt dieses Buch keinen Ersatz für eine individuelle medizinische und therapeutische Beratung dar. Wenn Sie medizinischen Rat einholen wollen, konsultieren Sie bitte einen qualifizierten Arzt. Der Verlag und die Autoren haften für keine nachteiligen Auswirkungen, die in einem direkten oder indirekten Zusammenhang mit den Informationen stehen, die in diesem Buch enthalten sind.

Redaktion: Judith Mark
Umschlaggestaltung: Laura Osswald
Umschlagabbildung: Wittybear/shutterstock.com
Satz: inpunkt[w]o, Haiger (www.inpunktwo.de)
Druck: GGP Media GmbH, Pößneck
Printed in Germany

ISBN Print 978-3-86882-780-4
ISBN E-Book (PDF) 978-3-96121-019-0
ISBN E-Book (EPUB, Mobi) 978-3-96121-020-6

Weitere Informationen zum Verlag finden Sie unter

www.mvg-verlag.de

Beachten Sie auch unsere weiteren Verlage unter www.m-vg.de

Om asato mā sadgamaya
tamasomā jyotir gamaya
mrityormāamritam gamaya

Von der Täuschung führe mich in die Wahrheit
Von der Dunkelheit führe mich ins Licht
Vom Tod führe mich in die Unsterblichkeit

Vorwort

Hunde sind wunderbare Wesen. Sie spielen auf der Wiese, haben einen eigenen Willen, strahlen unendlich viel Licht und Liebe aus. Ein Hund genießt es zu kuscheln und Trost zu schenken. Das haben Hunde von Natur aus an sich. Sie sind mit ihrem Herzen verbunden. Mit ihrer eigenen wahren Natur. Wenn Sie das spüren, dann werden Sie Ihren Hund mehr verstehen wollen.

Sie werden es lieben, ihn zu beobachten und tiefer kennenzulernen, was in seinem Kopf vorgeht. Hunde sind faszinierende Wesen, und je mehr Sie sich in ihre Lage versetzen, desto mehr erwecken Sie auch Ihre eigene Faszination dem Leben gegenüber.

Hunde sind wahre Seelenbegleiter. Sie halten uns den Spiegel vor. Damit wollen sie uns dabei unterstützen, unser volles Potenzial zu entfalten und uns zu glücklichen und gesunden Menschen zu entwickeln.

Beginnen Sie, Ihren Hund mit ganz neuen Augen zu sehen. Verstehen Sie, was das Verhalten Ihres Hundes über Sie aussagt, und deuten Sie dessen Verhalten aus einer höheren Perspektive heraus. Verstehen Sie die seelischen Botschaften und entdecken Sie sich selbst dabei neu.

Wir wünschen Ihnen viel Freude dabei.
Laurent Amann & Asim Aliloski

1

Versetzen Sie sich in die Pfoten Ihres Hundes

Beobachten Sie das Verhalten Ihres Hundes

Um sich in die Pfoten Ihres Hundes versetzen zu können und sich von seiner Leichtigkeit verführen zu lassen, beginnen Sie damit, ihn einfach nur zu beobachten. Setzen Sie sich in Ruhe hin und sehen Sie sich Ihren Hund mal so richtig an. Nun mögen Sie denken, dass Sie Ihren Hund schließlich oft genug sehen. Aber stimmt das wirklich? Sind Sie dabei meist nicht zusätzlich mit anderen Dingen beschäftigt? Denken Sie dabei nicht gleichzeitig an etwas völlig anderes oder lassen sich von Ihren eigenen Gefühlen und Emotionen blenden? Wir laden Sie ein, sich kurz Zeit zu nehmen, Ihren Hund wirklich zu *sehen*. Sehen Sie, was er gerade tut, wo er hingeht, wie er sich bewegt, wie er Sie anschaut, wo er sich am liebsten aufhält und schläft. Nehmen Sie Ihren Hund mit all Ihren Sinnen wahr. Lächeln Sie dabei entspannt und erkennen Sie immer mehr, dass Ihr Hund ein wunderbares Wesen ist. Er ist mehr, als Sie bisher sehen konnten.

Beobachten Sie Ihren Hund im Alltag. Woran schnuppert er am liebsten? Wen oder was schaut er sich gerne an? Wie reagiert er auf andere Menschen und Artgenossen? Was liebt er, und wovor geht er auf Distanz? Wo fühlt er sich wohl, und in welchen Situationen wirkt er unsicher? Sehen Sie all das ohne Wertung, sondern mit einer gewissen Fürsorge und Liebe.

Mutter Teresa war bekannt dafür, dass sie Menschen mit Fürsorge und Liebe sah. Die Menschen fühlten sich bei ihr geborgen und aufgehoben. Sie fühlten ihre Liebe, Kraft und Empathie. Und vor allem wussten sie, dass Mutter Teresa nichts Schlechtes über sie denken würde. Sie war wertfrei, liebevoll und herzberührend – und hatte die Gabe zuzuhören.

Nehmen Sie sich vor, Ihren Hund einige Minuten am Tag aus dieser neuen Perspektive wahrzunehmen: wertfrei, liebevoll und herzberührend. Hunde sind fühlende Wesen, sie lassen sich von ihren Instinkten und ihrem sechsten Sinn führen. Sie sind soziale Tiere und suchen somit den liebevollen Kontakt zu anderen Lebewesen. Sie sind aber auch Raubtiere und müssen hin und wieder auch mal wilder sein dürfen. Und sie wissen auch ganz genau, was in uns Menschen vorgeht. All das kann Ihnen bewusst werden, wenn Sie beginnen, Ihren Hund zu beobachten.

Fühlen Sie sich in Ihren Hund hinein

Im nächsten Schritt spüren Sie sich in Ihren Hund hinein. Das mag Ihnen schwieriger erscheinen als das bloße Beobachten Ihres Hundes. Die folgende Übung kann Ihnen dabei helfen:

Sich einfühlen in den Hund

Stellen Sie sich tagsüber, wenn Ihr Hund bei Ihnen ist, folgende Fragen: Wie fühlt sich mein Hund gerade? Was geht in ihm vor? Welche Emotionen und Gefühle sind in ihm präsent? Was wünscht er sich, und welche besonderen Bedürfnisse hat er gerade jetzt?

Während Sie diese Fragen stellen, atmen Sie mehrmals tief ein und aus und lassen so Ihre Gedanken bewusst ziehen. Sie wollen die Antwort fühlen, nicht denken. Lassen Sie daher Ihre Gedanken so lange wegziehen, bis Sie mit Ihrer vollen Aufmerksamkeit bei Ihren Gefühlen und Emotionen bleiben können. Stellen Sie die Fragen und spüren Sie in sich hinein.

Lassen Sie die Antwort in Form eines Gefühls oder einer Emotion zu Ihnen kommen. Abschließend stellen Sie sich noch die Frage: Ist das mein Gefühl, das ich gerade spüre, oder das meines Hundes?

Atmen Sie mehrmals bewusst tief ein und aus, kommen Sie in Ihren Körper zurück und lächeln Sie dabei ganz sanft. Seien Sie dankbar für diese emotionale Erfahrung.

Während Menschen ein breites Spektrum von Emotionen in sich verspüren, haben Hunde eine Auswahl an Grundgefühlen, die zum Ausdruck kommen. Hunde spüren deutlich Trauer, Angst, Wut, Schmerz, Aggression, Freude und Liebe. Wenn Sie die Emotionen Ihres Hundes verstehen, dann verstehen Sie seine Bedürfnisse tiefer. Sie nehmen wahr, was er sich gerade wünscht. Ihnen wird klar, was Sie tun können, damit sein Leben schöner und erfüllter wird. Sie erkennen, wonach sich Ihr Hund im Leben sehnt, aber auch, was er sich von Ihnen wünscht.

Hunde sind wunderbare, faszinierende, fühlende Wesen, die intensiv mit ihrer Gefühlswelt verbunden sind. Je mehr Sie lernen, die Gefühle Ihres Hundes zu spüren, desto mehr werden Sie sich auch Ihrer eigenen Gefühlswelt öffnen. Bewusst wahrgenommene Gefühle schaffen einen Zustand der Lebendigkeit. Emotionen sind ein anderes Wort für Fluss sowie Bewegung. Je mehr Sie bewusst spüren, desto mehr sind Sie im Fluss und in Bewegung. Sie dürfen natürlich lernen, einen heilsamen und sinnvollen Umgang mit Ihren eigenen Emotionen zu haben. Aber grundsätzlich öffnen Ihnen die Gefühle Ihres Hundes eine lebendige und faszinierende Welt. Und da Hunde stets in dieser Welt leben, sofern sie nicht vom Menschen abgestumpft wurden, haben auch Sie jederzeit Zugang dazu: Über Ihren persönlichen Seelenbegleiter – den Hund.

Denken Sie sich in Ihren Hund hinein

Hunde sind nicht nur fühlende, sondern auch denkende Wesen. Sie lernen, erkunden und wollen verstehen. Natürlich ist nicht jeder Hund gleich. Es gibt Hunde, die ständig etwas Neues entdecken wollen. Sie wollen neue Intelligenzspiele meistern, unbekannte Orte erkunden und sich mit anderen Lebewesen austauschen. Andere meiden eher das Neue und die Abenteuer im Leben. In dieser Hinsicht sind Hunde genauso wie Menschen. Doch auch diese Hunde lernen. Und diese Fähigkeit deutet darauf hin, dass sie bewusst denken können.

Hunde denken jedoch nicht in unseren komplexen Zusammenhängen. Sie machen sich beispielsweise wenig Sorgen über die Absicherung in der Zukunft. Dafür ist ihr Rudelführer verantwortlich. Hunde sind mit ihren Gedanken im Jetzt verankert. Das bedeutet, dass sie daran denken, wie sie gerade jetzt an Futter kommen können, wo sie unmittelbar als Nächstes hingehen können und was ihnen jetzt Spaß machen würde. Wenn sie in einem bestimmten Augenblick müde sind, dann ruhen sie sich aus. Wenn ihnen langweilig ist, suchen sie sich eine Beschäftigung. Wenn jemand an der Tür läutet, wollen sie sofort wissen, wer es ist. Hunde denken also die meiste Zeit über im Hier und Jetzt. Sie machen sich wenig Gedanken darüber, was einmal war und was die Zukunft bringen wird. Sie wissen einfach, dass alles, was für sie wichtig ist, in der Gegenwart liegt.

Was denkt mein Hund?

Lernen Sie von Ihrem Hund diese Fähigkeit, mit den Gedanken im Hier und Jetzt zu sein. Fragen Sie sich immer wieder: Woran denkt mein Hund gerade? Was geht in seinem Kopf vor? Welche Gedanken hat mein Hund jetzt? Was führt mein Hund im Schilde? Was will er von mir? Atmen Sie dabei tief ein und aus und lassen Sie Ihre eigenen Gedanken für eine kurze Zeit los. Geben Sie Ihrem Hund Raum, mit Ihnen zu kommunizieren. Achten Sie darauf, ob Ihnen Impulse und Gedankenbilder kommen, die Sie Ihrem Hund zuordnen würden.

Das Hineindenken in Ihren Hund kann auf Sie eine interessante und spannende Wirkung haben. Sie beginnen selbst, sich weniger Sorgen über die Vergangenheit und Zukunft zu machen. Statt alles ständig zu analysieren, entdecken Sie die Freiheit und Leichtigkeit, einfach zu denken und sich weniger Sorgen zu machen. Sie sind mit Ihren Gedanken immer mehr in der Gegenwart verankert und sehen auch dadurch Ihre Umgebung mit neuen Augen. Sie sehen das, was tatsächlich vor Ihnen ist, und erkennen es nicht mehr nur aus der gedanklichen Perspektive der Vergangenheit oder der Zukunft, sondern immer mehr mit den Augen und dem Herzen der Gegenwart. Sie dürfen dabei wiederum entspannt lächeln und sich darüber freuen, dass das Leben manchmal auch unbeschwert und einfach sein darf. Sie denken wie ein Hund: klar, leicht und gegenwartsbezogen. Sie werden weiterhin Urlaube planen und Versicherungen abschließen, ohne jedoch dabei auf die Freude und Leichtigkeit eines Daseins im Hier und Jetzt zu verzichten.

Welchen Charakter hat Ihr Hund?

Beobachten Sie fremde Hunde auf der Wiese und weisen Sie ihnen folgende Persönlichkeitstypen zu:

Der Macho hat ein selbstbewusstes Auftreten und lässt sich von seinem Willen nicht abbringen. Er geht niemandem aus dem Weg, verteidigt sein Revier und lässt sich generell nichts sagen. Folgen tut er übrigens auch nur, wenn er will.

Der Ängstliche spielt gerne das arme Opfer und sucht ständig nach Verstecken und Beschützern, die ihn von der bösen Welt retten. Aus allem macht er ein Drama, und er verlangt von seinen Besitzern viel Aufmerksamkeit, Schutz und Trost.

Der Schreckhafte zuckt bei jeder Unberechenbarkeit zusammen, mit der ihn seine Umgebung konfrontiert. Ihm ist es am liebsten, wenn alles beim Alten bleibt. Nur ja keine Überraschungen, bitte!

Die Lady hat sich die Rolle einer Diva ausgesucht, die sich nur von den attraktivsten Rüden beschnuppern oder gar anschauen lässt. Der Macho würde ihr gefallen. Alle anderen sollen sie anhimmeln, aber bitte nicht mehr und nicht weniger.

Der Animator ist ständig in Spiellaune und wirkt auch ausgewachsen sehr kindlich. Sein Leben ist leicht und unbeschwert, genau wie seine Bewegungen. Am liebsten animiert er andere zum Spielen und versteht nicht, wenn sie seinem Wunsch nicht nachkommen.

Der Verantwortungsvolle will alles unter Kontrolle haben und sich auf eine Aufgabe fokussieren. Er fixiert sich gerne auf Bälle oder Holzstöcke, löst Rätsel und will sinnvoll beschäftigt werden. Er vertieft sich so sehr in seine Arbeit, dass er dabei seine Umgebung nicht mehr wahrnimmt.

Der Mediator mischt sich in jedes Rudel ein im Glauben, damit die Welt zu retten. Manchmal als Spielverderber wahrgenommen, will er lediglich Konflikte lösen und zeigen, wann Schluss mit lustig ist.

Der Introvertierte möchte einfach nur in Ruhe gelassen werden und reagiert mal angefressen, mal ängstlich, wenn andere Hunde seinen Weg kreuzen. Am liebsten würde er den ganzen Tag nur mit seinem Besitzer auf der Couch verbringen.

Der Rudelführer strahlt Führungskompetenz aus und ist sehr entscheidungsfreudig. Andere Hunde lassen sich gerne von ihm belehren und akzeptieren seine Zurechtweisungen. Doch generell braucht er nicht viel zu tun, seine Präsenz und Ausstrahlung alleine wirken Wunder.

Welches Persönlichkeitsmerkmal dominiert bei Ihrem Hund? Können Sie auch Mischformen entdecken? Jeder Hund hat seine eigene Persönlichkeit, auch wenn er einer bestimmten Rasse angehört. Versuchen Sie, zwischen Rassemerkmalen und Persönlichkeitsmerkmalen zu unterscheiden. Machen Sie sich bewusst, dass jeder Hund auch ein Individuum mit persönlichen Wünschen und Bedürfnissen ist.

Tierkommunikation auf telepathisch

In jedem Kommunikationsseminar wird man Ihnen beibringen, dass ein Mensch, der gewohnheitsmäßig mit verschränkten Armen dasitzt, meist reserviert und distanziert ist. Sie lernen, dass jede Körperhaltung eine ganz bestimmte Bedeutung hat. Doch vielleicht ist diesem Menschen mit verschränkten Armen einfach nur kalt, oder seine Schultern tun weh? Möglicherweise hat er gerade mit seinem Partner gestritten, und seine reservierte Haltung hat nichts mit Ihnen zu tun. Vielleicht ist es auch einfach seine Art, die Arme zu verschränken, und im Gespräch ist er trotzdem offen und herzlich. Oder er hat sich diese Haltung ganz einfach antrainiert, ohne dass eine bestimmte Bedeutung dahintersteckt. Was wir damit sagen wollen, ist, dass eine Körperhaltung auf etwas Bestimmtes hindeuten *kann*, dass dies aber nicht notwendigerweise so sein *muss*. Sie können sich daher nicht alleine auf die Körpersprache verlassen, wenn Sie einen Menschen oder auch einen Hund klar verstehen wollen.

Beginnen Sie stattdessen, Ihren Hund als ein ganzheitliches Wesen wahrzunehmen. Wenn Sie Ihren Hund besser verstehen wollen, dann lernen Sie ruhig alles über Körpersprache, Lautäußerungen und vor allem Beschwichtigungssignale, aber auch über seine Gefühle, Verhaltensmuster, Denkweisen, Erfahrungen in seiner Vergangenheit, seine Wünsche und Bedürfnisse, seine Mission auf dieser Welt und warum er ausgerechnet zu Ihnen gekommen ist. Machen Sie sich Gedanken sowohl über seine Rasse als auch über seine individuellen Persönlichkeitsmerkmale. Sprich: Sehen Sie Ihren Hund auf mehrere Weisen, und kommunizieren Sie mit ihm über verschiedene Kanäle, statt sich nur auf Körperhaltungen und -bewegungen zu fixieren.

Folgende Fragestellungen können Ihnen helfen, Ihren Hund tiefer zu verstehen und sein Verhalten umfassender zu deuten:

- Welche Körperhaltung nimmt er gerade ein? Wofür steht diese Körperhaltung im Allgemeinen? Sind Beschwichtigungssignale klar zu erkennen? Was will Ihr Hund »theoretisch« damit bewirken?
- Wie fühlt sich Ihr Hund gerade? Und wie fühlen Sie sich dabei? Was wollen diese Gefühle ausdrücken, und wie können sie heilsam fließen?
- Was denkt Ihr Hund gerade? Was geht in seinem Kopf vor? Und welche Gedanken kreisen in Ihrem Kopf? Wie beeinflusst Ihr Denken Ihre Gefühle und somit auch Ihren Hund?

- Was will Ihnen die Intuition Ihres Hundes sagen? Welche Botschaften hat Ihr Hund für Sie? Welche Erwartungen hat er an Sie? Was können Sie von ihm über sich selbst erfahren?

Hunde folgen oder sie folgen nicht. Wenn sie nicht folgen, dann kann das viele Ursachen haben. Es kann sein, dass Ihr Hund nie gelernt hat zu folgen. Oder er nimmt Sie nicht als kompetenten Rudelführer wahr. Möglich ist aber auch, dass Sie in Ihrer Kommunikation zweifelhafte oder gar verwirrende Signale aussenden. Ihr Hund versteht Sie nicht.

- Sprechen Sie das richtige Wort aus?

Wenn Sie beispielsweise wollen, dass Ihr Hund beim Spaziergang wieder zu Ihnen zurückkommt, er es aber nicht tut, dann klären Sie Folgendes, statt die Schuld auf Ihren Hund zu schieben: Haben Sie ihn mit einem klaren Wortkommando gerufen?

Die meisten Hundebesitzer nutzen zu viele Wörter in der Kommunikation mit ihrem Hund. Kein Tier kann das überflüssige Geschwafel mancher Menschen verstehen. Er müsste dieser Suppe an Wörtern angestrengt zuhören, um ihre Anweisung herauszufiltern. Und wenn wir schon dabei sind: Weiß Ihr Hund überhaupt, was dieses Wortsignal bedeutet? Was er zu tun hat, wenn Sie ihn rufen? Haben Sie es ihm beigebracht? Kein Hund kommt auf die Welt und weiß, was die Anweisung »Komm« bedeutet. Sie müssen es ihm beibringen und immer wieder auffrischen, wie bei der Fremdsprache, die Sie damals in der Schule gelernt haben: Lernen und stets auffrischen.

Ihr Hund kann erst dann auf Ihr Wortkommando horchen, wenn er weiß, was es bedeutet.

- Haben Sie das richtige Gefühl für die Situation?

Wenn Sie wollen, dass Ihr Hund zu Ihnen zurückkommt, Sie aber noch von der Arbeit gestresst sind oder sich Sorgen über Ihre Absicherung in der Zukunft machen, kann Ihr Hund nicht verstehen, was Sie von ihm wollen. Hunde achten sehr stark darauf, welche Gefühle Sie aussenden. Wenn Sie sich wünschen, dass er wieder zu Ihnen kommt, Sie aber aus irgendeinem Grund Gefühle der Angst, Wut, Trauer, der Enttäuschung oder des Ärgers verspüren, dann spürt Ihr Hund das auch. Und auf diese Signale geht Ihr Hund eher ein als auf die Wörter, die Sie aussprechen. Folglich kann es sein, dass er nicht auf Sie hört. »Etwas stimmt hier nicht, sie ruft mich mit der Stimme und verwirrt mich gleichzeitig mit ihren Gefühlen. Da gehe ich lieber nicht hin«, denkt sich Ihr Hund.

Ihr Hund kann erst dann Ihrer Anweisung folgen, wenn Ihr Gefühl mit dem erwünschen Verhalten übereinstimmt.

- Denken Sie an das Richtige?

Ihr Hund nimmt Ihre Kommandorufe genauso wahr wie Ihre Gefühle. Und was er zusätzlich weiß, ist, was in Ihrem Kopf vorgeht. Wenn Sie wollen, dass er zurückkommt, Sie aber gleichzeitig Ihre To-do-Liste für den restlichen Tag im Kopf durchgehen, dann senden Sie in der Kommunikation mit Ihrem Hund unklare Zeichen aus. Ihr »Komm« geht unter, wird überdeckt von Ihren vielen anderen Gedanken. Oder vielleicht denken Sie auch während des Rufens, dass Ihr Hund sowieso nie auf Sie hört, warum also sollte er es jetzt tun? Sie stellen sich vor, wie er sich immer weiter von Ihnen entfernt, statt auf Ihr Rufen einzugehen. Genau diese Information senden Sie auch aus. Und genau das nimmt Ihr Hund wahr. Die Folge: Er kommt nicht zurück.

Ihr Hund versteht Sie erst dann klar, wenn Sie mit Ihren Gedanken voll und ganz bei der Sache sind, mit dem Fokus auf dem, was Sie tatsächlich wollen.

• Haben Sie die angemessene Körperhaltung eingenommen oder die richtige Bewegung gemacht?

Wenn Sie mit dem richtigen Gefühl, klarem Kopf sowie in angemessenem Tonfall Ihren Hund zurückrufen, dann nehmen Sie automatisch die optimale, dazu passende Körperhaltung ein. Ihr Körper folgt Ihren Gefühlen und Gedanken und nicht umgekehrt. Die meisten Bücher, die sich mit der Körpersprache befassen, vernachlässigen diesen wichtigen Punkt: Wichtiger, als Ihre Körperhaltung zu kontrollieren, ist, auf Ihre inneren Emotionen und Gedankenströme zu achten. Der Körper zeigt bloß das, was in einem vorgeht. Wenn Sie voller Wutgefühle sind und dabei eine offene Körperhaltung einnehmen, weil Sie es so gelernt haben, dann wird Ihr Hund trotzdem nicht zu Ihnen kommen. Sie können ihn nicht anlügen. Egal, wie perfekt Sie die erlernte Körperhaltung einnehmen, er spürt Ihre Wut und erkennt, dass Ihre Körpersprache bloß vorgetäuscht ist. Und worauf wird er wohl reagieren? Auf Ihre Wut, denn die ist authentisch und ist ein Signal für Gefahr. Stimmen Körpersprache und Ausstrahlung nicht überein, wirken Sie auf Ihren Vierbeiner unberechenbar und nicht vertrauenswürdig. Ihr Hund reagiert dann auf Ihre Körpersignale, wenn Sie sich bewusst und klar mit Gefühlen und Gedanken ausdrücken können.

Wenn Sie also mit Ihrem Hund eine klare Kommunikation führen wollen, müssen Sie sowohl auf Ihre Stimme und Ihre Körpersprache als auch auf Ihre Gefühle und Ihre Gedanken achten. Wir sind davon überzeugt, dass die Emotionen und Gedankenbilder mehr als 70 Prozent der Kommunikation zwischen Tier und Mensch ausmachen. Zugleich sind wir der Meinung, dass es in der Kommunikation zwischen Menschen nicht anders aussieht. Unbewusst reagiert jedes Lebewesen auf die Ausstrahlung des anderen. Und diese besteht vorwiegend daraus, woran der Betreffende gerade denkt, was er gerade fühlt und was er empfindet. Konzentrieren Sie sich daher nicht allzu sehr auf perfekte Körperhaltungen oder Stimmlagen, sondern lernen Sie stattdessen, klar im Kopf zu bleiben und mit dem richtigen Gefühl an die Sache heranzugehen, wenn Sie Ihrem Hund etwas mitteilen wollen. Erst dann wird er Sie verstehen und angemessen auf Ihre Wünsche eingehen.

Gedankenklarheit zurückgewinnen

Beobachten Sie sich im Lauf des Tages immer mal wieder selbst und fragen Sie sich: Woran denke ich gerade jetzt?

Atmen Sie gleich nach der Fragestellung mehrmals tief ein und aus und nehmen Sie Ihre aktuellen Gedanken bewusst wahr.

Gehen Sie einen Schritt weiter und fragen Sie sich: Ist es mein Wunsch, das jetzt gerade genau so zu denken? Will ich das genau so denken? Warum denke ich das jetzt? Tut es mir gut? Bringt es mich weiter? Bringt es mir etwas, mir darüber Sorgen zu machen?

Atmen Sie bewusst tief ein und aus und spüren Sie in Ihrem Körper nach, was sich gerade tut.

Gehen Sie einen weiteren Schritt und erlauben Sie sich folgende Frage: Bin ich bereit, anders beziehungsweise etwas anderes zu denken?

Entscheiden Sie, welchen Gedanken Sie überdenken oder loslassen und durch einen neuen ersetzen wollen. Sie können Ihre Gedanken nicht abstellen, aber Sie können bewusst mit ihnen umgehen und entscheiden, was Sie denken wollen und was nicht. Nutzen Sie dieses Werkzeug nicht nur, um mit Ihrem Hund zu reden, sondern auch, um Ihr Leben so zu gestalten, wie es Ihnen recht ist.

Es ist wohlbekannt, dass wir uns unser Leben selbst schaffen, und zwar in erster Linie durch unsere Gedanken.

Lernen Sie immer mehr über Ihren Hund, und üben Sie sich darin, Ihre Stimme, Ihre Gefühle, Gedanken und Körpersprache miteinander in Einklang zu bringen. Das macht Sie nicht nur authentisch, sympathisch oder charismatisch, sondern vor allem klar in Ihrer Kommunikation. Selbstverständlich wirkt sich das nicht nur auf die Kommunikation mit Ihrem Hund, sondern auch im Austausch mit anderen Menschen positiv aus. Fühlen Sie das, was Sie denken, und sprechen Sie das aus, was in Ihrem Kopf vorgeht. Das macht Sie vertrauenswürdig und somit attraktiv. Hunde und Menschen wollen Zeit mit Ihnen verbringen und lassen sich gerne von Ihnen beraten und führen.

Verbinden Sie sich mit der Seele Ihres Hundes

Wenn Sie einem Hund in die Augen blicken, werden Sie erkennen, dass da mehr ist als nur ein physisches Auge. Hinter diesem Auge verbirgt sich Lebenskraft. Diese Lebensenergie nennen wir die Seele. Die Seele ist ein energetischer Organismus, der mit weitreichenden Aufgaben betraut ist. Beispielsweise nährt uns die Seele mit intuitiven Eingebungen und Inspirationen. Sie ist die Mutter der Kreativität, die Kraft, die alles im Körper zusammenhält und in stetiger Entwicklung hält. Die Seele ist ein ständig wachsendes Lebewesen, das keinen konkreten Sitz im Körper hat. Sie ist in uns und um uns. Die Seele ist überall und nimmt unseren Körper zu Hilfe, um sich mit anderen auszutauschen und selbst zu vollenden.

Wenn Ihr Hund plötzlich ohne ersichtlichen Grund nervös wird und alles daransetzt, Sie von dort wegzubringen, wo Sie gerade stehen, dann folgt er seiner Intuition, die ihm signalisiert: Dort lauert Gefahr. Dieses intuitive Wissen kommt nicht von irgendwoher. Es gibt eine Intelligenz in Ihrem Hund, die mit dem sechsten Sinn vergleichbar ist.

Zahlreiche wissenschaftliche Studien haben gezeigt, dass einige Hunde bereits zur Wohnungstür laufen, wenn ihr Herrchen oder Frauchen das Büro verlässt und sich auf den Weg nach Hause macht. Der Hund weiß das und bereitet sich freudig auf die Begrüßung vor. Und das auch, wenn die Uhrzeit, zu der Herrchen oder Frauchen zu arbeiten aufhört, nicht immer die gleiche ist.

Ganz gleich, ob wir an die Existenz der Seele glauben oder nicht, irgendwann muss jeder Mensch erkennen, dass jedes Lebewesen mehr ist als eine Ansammlung von DNA, Organen und Körperzellen. Auch sind wir mehr als das, was wir denken und fühlen. Jeder Mensch und jedes Tier ist an eine universelle Intelligenz angeschlossen. Menschen mit einer Nahtoderfahrung sprechen davon, dass sie spüren und gleichzeitig zusehen konnten, wie sie ihren verstorbenen Körper verließen, und dass sie trotzdem weiterhin alles wahrnehmen konnten, was passierte. Teilweise sogar Dinge, die nach Eintritt ihrer Bewusstlosigkeit und klinischem Tod geschahen. Der Körper stirbt, doch die Seele existiert weiter.

Die Seele Ihres Hundes ist in der Wissenschaft ein unerforschtes Gebiet. Doch wenn Sie ihm tief in die Augen schauen, werden Sie seine Seele wahrnehmen.

Seelenverbundenheit spüren

Atmen Sie mehrmals ein und aus, lassen Sie all Ihre eigenen Gedanken los, schauen Sie Ihrem Hund freudig in die Augen, und Sie werden eine neue Qualität der Verbundenheit erfahren. Was Sie jetzt spüren, ist die Verbundenheit von Seele zu Seele.

In den nächsten Kapiteln werden wir näher auf das Wunderwerk Seele eingehen. Doch vorab möchten wir Ihnen bereits eines verraten: Wenn Sie einen Hund haben, der ständig peinliche Dinge anstellt oder Sie überfordert, dann kann sich dahinter ein kluges Verhalten seiner Seele verbergen. Die Seele Ihres Hundes weiß nämlich, dass es für Sie an der Zeit ist, sich mit den Themen Scham und Überforderung auseinanderzusetzen. Womöglich belasten diese Themen Ihr Leben, und die Seele Ihres Hundes hilft Ihnen, damit wieder ins Reine zu kommen.

Hunde sind harmoniebedürftige Wesen, und wenn beim Besitzer etwas aus der Bahn gerät, dann tun sie alles, um ihn wieder in die Balance zu bringen. Das gilt für körperliche Erkrankungen genauso wie für psychische Störungen oder spirituelle Leiden. In unserem Buch *Mein Hund hat eine Seele* sind wir näher auf die Methoden eingegangen, die Hunde anwenden, um Sie auf ein Problem oder eine Blockade aufmerksam zu machen. In den folgenden Kapiteln werden wir Ihnen noch ganz konkrete Anregungen geben, was Sie damit anfangen können. Die aktuelle Frage ist nun, wie so ein tierisches Lebewesen so viel über einen Menschen wissen kann. Viele Hundebesitzer glauben, dass sich Hunde nur mit Fressen, Spielen und Schlafen beschäftigen. Das entspricht jedoch nicht der Wahrheit.

Hunde machen sich viele Gedanken. Beispielsweise, warum ihr Herrchen krank ist. Oder woran es liegen mag, dass er ständig Stress hat. Sie denken aber auch darüber nach, was die Potenziale ihres Frauchens sind und wie es innere Blockaden lösen kann. Sie wissen manchmal auch, dass Sie sich längst von Ihrem Partner hätten trennen müssen, und bellen ihn womöglich deswegen scheinbar grundlos an. Hunde sind intelligente, intuitive, magische und faszinierende Wesen mit einem sechsten Sinn. Hunde sind wunderbar, ein Geschenk für den Menschen. Ein wertvoller Seelenfreund, der Ihnen treu zur Seite steht, bereit, zu helfen.

Vielleicht fragen Sie sich auch, wie die Seele des Hundes mit Ihnen kommuniziert. Die Antwort ist ganz einfach: sowohl mit offensichtlichen als auch mit unsichtbaren Zeichen und Signalen. Oft nutzt sie dafür den Körper des Hundes als Mittel der Kommunikation. Zunächst einmal sagt Ihnen die Seele Ihres Hundes, was sie sich von Ihnen wünscht. Das geht über Laute, die der Hund über seinen Körper von sich gibt, aber auch über seine Gefühle und Gedanken. Der Alltag zeigt leider, dass viele Hundebesitzer diese Signale nicht verstehen. Sie hören nicht, fühlen nicht und können sich auch auf der mentalen Ebene nicht mit ihrem Hund verbinden. Der Hund tut alles, um verstanden zu werden, doch das Herrchen oder Frauchen ist nicht präsent genug. Da Hunde schlau sind und ihre Arbeit ernst nehmen, geben sie nicht auf und versuchen, über einen anderen Weg mit ihrem Menschen in Kontakt zu treten: Sie zeigen ein atypisches Verhalten, um die Aufmerksamkeit ihres Besitzers zu gewinnen. Ihr Hund zeigt Ihnen ganz klar, was nicht passt. Er spiegelt Sie. Wenn Sie beispielsweise gestresst sind, dann ist auch Ihr Hund nervös, um Ihnen zu zeigen, dass Sie wieder runterkommen sollen. In diesem Fall spiegelt er Ihnen eins zu eins Ihr Verhalten. Andere Hunde wählen eher das gegenteilige Verhalten, um zu spiegeln. Das bedeutet in unserem Beispiel, dass, wenn Sie gestresst sind, Ihr Hund im Alltag besonders resigniert, apathisch, sogar ungewöhnlich abgestumpft wirkt. Die Folge: Sie als Besitzer werden auf das Problem aufmerksam und beginnen zu handeln.

Oft verzweifeln Hundebesitzer am atypischen Verhalten ihres Vierbeiners und denken, dass mit ihrem Hund etwas nicht stimmt. Sie stellen das Futter um, kaufen Vitamine und Nahrungsergänzungsmittel, gehen in die Hundeschule oder holen sich einen Hundetrainer ins Haus, der das ungewöhnliche Verhalten abtrainieren soll. Und vielleicht klappt das auch, aber wenn das Verhalten Ihres Hundes eine Seelenbotschaft für Sie ist, dann gibt er nicht auf. Er wird entweder sein Verhalten trotz intensiven Trainings nicht ändern, oder, wenn der Hundetrainer sehr hartnäckig ist, das Verhalten zwar sein lassen, aber nur kurzfristig. Oft »sucht« er dann nach einem neuen Verhalten, mit dem er Ihre Aufmerksamkeit gewinnen kann – dieses Mal einem, das Sie nicht so leicht überdecken oder unterdrücken können. Ziel ist, Sie darauf aufmerksam zu machen, dass Sie in Ihrem Leben etwas ändern sollten. Verstehen Sie dann aber immer noch nicht, was Sache ist, wählen Hunde einen noch extremeren Weg, um die Botschaft zu übermitteln: Sie werden krank. Sie beginnen plötzlich, Krankheiten zu entwickeln, die der Mensch auch hat: Krebs, Diabetes, Arthrose, Blindheit, Depression, Panikattacken, Allergien, Wutanfälle ... Diese Krankheiten sind oft nicht nur durch eine falsche Ernährung oder schlechte Gene bedingt, sondern meist auch psychosomatisch bedingt – wie auch beim Menschen.

Folgende Hinweise deuten darauf hin, dass Verhaltensprobleme oder Erkrankungen eines Hundes vom Besitzer ausgehen:

- Der Hund zeigt dieses Verhalten nur in Verbindung mit Ihnen und nicht unbedingt bei anderen Menschen.
- Andere Hunde, mit denen Sie in näheren Kontakt treten, zeigen gleiche oder ähnliche Verhaltensprobleme oder Erkrankungen.

- Auch Sie selbst neigen zu den gleichen Problemen.
- Für das Verhalten Ihres Hundes gibt es keinen ersichtlichen Grund, und trotzdem verschlimmert es sich.
- Sie haben schon vieles oder gar alles versucht, um das unerwünschte Verhalten Ihres Hundes wegzutrainieren, aber nichts hat geholfen.
- Sie haben das Gefühl, dass das Verhalten Ihres Hundes etwas mit Ihnen zu tun haben könnte.
- Das Verhalten Ihres Hundes löst in Ihnen starke Emotionen aus. Es ist Ihnen vielleicht auch sehr peinlich, unangenehm und mit Widerständen verbunden.

Nehmen Sie sich daher vor, bei jeder Unstimmigkeit, die Sie bei Ihrem Hund wahrnehmen, tiefer zu blicken. Fragen Sie immer nach der wahren Ursache seines Verhaltens. Und rechnen Sie auch damit, dass es etwas mit Ihnen zu tun haben könnte. Diese Erkenntnis sollte in Ihnen jedoch keinesfalls Schuldgefühle hervorrufen. Im Gegenteil: Sie dürfen sich im Klaren sein, dass Sie dann ein guter Hundebesitzer sind, wenn Sie bereit sind, in die Seele Ihres Hundes und in Ihre eigene Seele zu blicken.

Unstimmigkeiten tiefer betrachten

Gehen Sie bei einer Unstimmigkeit, die Sie bei Ihrem Hund wahrnehmen, ganz einfach folgendermaßen vor:

- Atmen Sie mehrmals tief ein und aus und sehen Sie Ihrem Hund kurz in die Augen
- Atmen Sie entspannt weiter und lassen Sie Ihre Gedanken vorbeiziehen.

- Sagen Sie zu sich selbst: »Ich bin bereit, die wahre Ursache deiner Erkrankung oder deines Problems zu erkennen, auch wenn es etwas mit mir zu tun haben könnte.«
- Atmen Sie einmal tief ein und aus.
- Achten Sie darauf, wie Ihr Hund reagiert, und beobachten Sie jetzt Ihr Innenleben.
- Nehmen Sie die Gefühle genau wahr, die in Ihnen hochkommen, und fühlen Sie sie bewusst.
- Nehmen Sie dann auch wahr, welche Gedanken und Eindrücke Ihnen durch den Kopf gehen. Sie könnten womöglich klare Zeichen oder Eingebungen bekommen, die Ihnen behilflich sind, eine Lösung oder Heilung zu erzielen.
- Falls Sie gar nichts bekommen, vertrauen Sie darauf, dass Ihre Seele oder Ihr Unterbewusstsein Sie zu der Antwort führen wird, nach der Sie suchen. Es ist nicht immer notwendig, alles bewusst wahrzunehmen. Unser Unterbewusstsein ist ein sehr mächtiges Werkzeug, das vieles alleine bearbeiten kann.
- Schließen Sie diese Übung mit »Ich danke dir, *(Name Ihres Hundes)*, für deine Hilfe. Ich danke für die Heilung und Einsicht. Ich danke für die Kraft und den Mut, zu akzeptieren, wahrzunehmen und Veränderung geschehen zu lassen. Danke.«

Wir werden Ihnen in den nächsten Kapiteln selbstverständlich genauere Anregungen geben und Methoden vermitteln, mit deren Hilfe Sie Ihre Einsicht schärfen und Ihr Wissen ausbauen können, um Ihren Hund mit neuen Augen zu sehen.

2

Entdecken Sie
die spirituelle Seite
Ihres Hundes

Das besondere Gespür der Hunde

Wenn Hunde uns ansehen, haben wir oft das Gefühl, sie wüssten genau, was in uns vorgeht. Wir können nichts vor ihnen verstecken. Hunde sind so sensibel, dass sie sich mit uns freuen können, unsere Trauer erkennen und uns trösten kommen, aber auch unser Leid teilen. Sie werden sogar oft gleichzeitig mit dem Besitzer krank und sind dann wieder wohlauf, wenn Herrchen oder Frauchen genesen sind.

Hunde können aber noch mehr. Ihr Hund weiß, wann Sie sich vom Büro auf den Weg zu ihm machen. Er nimmt aus der Ferne wahr, ob Sie besorgt sind, in Not geraten sind oder alles in Ordnung ist. Hunde kennen auch Ihre blinden Flecken. Da sie wissen, wie wichtig es ist, sich diese anzuschauen. tun sie alles, um Sie darauf aufmerksam zu machen. Zu der Zeit, als wir Autoren uns gemeinsam einen Hund anschafften, litt einer von uns an einer Essstörung. Unser Welpe verweigerte interessanterweise auch jedes noch so gute Futter. Wir beide waren verzweifelt und konnten das Verhalten des Welpen zunächst nicht nachvollziehen. Wir scheiterten mit jedem Versuch, seinen Appetit anzuregen. Eines Tages gelang es uns, ein bisschen auf Distanz zu gehen und die Situation genauer zu beobachten. Und da traf uns ein Geistesblitz: Der Welpe zeigte genau das gleiche Verhalten wie einer seiner Besitzer. Er zeigte uns die Essstörung, an der einer von uns auch litt. Der schwarze Pudel wusste, was bis dato niemand wirklich erkennen wollte, und machte es uns klar sichtbar. Danke dafür! Du hast uns geholfen, Heilung zu finden!

Natürlich könnten Sie nun davon ausgehen, dass dies ein Einzelfall ist und nicht jeder Hund übersinnliche Kräfte besitzt. Unsere Erfahrung zeigt, dass Hundebesitzer, die nicht offen für übersinnliche Erfahrungen oder Persönlichkeitswachstum sind, auch einen Hund haben, der sich dahingehend gerne zurückhält. Doch sind Sie ein Besitzer, der neugierig und selbstreflektiert genug ist, dann wird Ihr Hund vieles daransetzen, Ihnen seinen sechsten Sinn erlebbar zu machen.

Ein weiteres Beispiel dafür, dass Tiere mehr wahrnehmen, als wir bisher glaubten, stammt aus einer persönlichen Erfahrung im Bereich der Wissenschaft: Einer von uns beiden, Laurent Amann, arbeitete jahrelang in der Forschung. Dabei musste er Intelligenztests mit Papageien durchführen und auswerten. Konkret ging es darum, festzustellen, wie schnell die Vögel bei ihrer Futtersuche neues, »intelligentes« Verhalten erlernen können. Laurent hat bei seinen Experimenten die Erfahrung gemacht, dass er das Verhalten der Tiere und somit auch die Resultate seiner Arbeit beeinflussen konnte, und das, obwohl alles genau geregelt war, um Manipulation auszuschließen.

Wie Laurent die Tiere trotzdem beeinflussen konnte, wurde uns erst im Nachhinein klar. Die Papageien konnten beim Tierflüsterer deswegen so schnell lernen und beste Resultate liefern, weil Laurent stets an ihre Fähigkeiten glaubte. Im Gegensatz zu Kollegen, die sich nur auf die mechanische Ausführung der Versuche konzentrierten, machte Laurent etwas anderes: Er glaubte stets an die Tiere, sprach ihnen Mut und Zuversicht zu und vertraute darauf, dass sie alles schaffen konnten, was von ihnen verlangt wurde. Zusätzlich stellte er sich auch vor, wie die Tiere die gestellten Probleme lösten und dadurch schnell an ihre Belohnung kamen. Und genau so lief es auch ab. Die Ergebnisse der Versuche mit den Papageien zeigen, dass der mentale und emotionale Zustand des Menschen auf Tiere wirkt. Es ist selbsterklärend, dass der Hund, der seit Jahrtausenden sehr eng mit dem Menschen verbunden ist, genauso einfühlsam auf dessen Gefühle und Gedanken reagiert und dabei sogar sensibler ist als ein wilder Papagei. Wir möchten gemeinsam mit Ihnen noch einen Schritt weiter gehen und Ihnen die verschiedenen spirituellen Fähigkeiten Ihres Hundes aufzeigen. Wir wagen nun also einen Ausflug in die Seelenwelt Ihres Hundes.

Lassen Sie uns dazu kurz ausholen: Schon immer haben sich die Menschen Gedanken über den Sinn des Lebens gemacht und darüber, welche besondere Lebensaufgabe sie haben – also warum sie auf der Welt sind. Menschen sind denkende Wesen und möchten durch ihre Denkprozesse Sinnhaftigkeit, Erfüllung und Erleichterung erfahren.

Jeder Mensch stellt sich bewusst, vor allem aber auch unbewusst tagtäglich folgende Fragen: Wer bin ich? Warum bin ich hier? Und wohin soll ich gehen? Sich diese Fragen immer wieder bewusst zu stellen und dabei in sich hineinzuschauen führt zu Selbstverwirklichung und Selbsterkenntnis. Je besser Sie sich selbst kennen, desto klarer werden Ihnen Ihre wahren Wünsche und Ziele im Leben bewusst. Und je mehr Sie in Ihre Kraft kommen, desto selbstbestimmter können Sie Ihr Leben gestalten. Sie sind damit frei von der Rolle des Opfers, die so viele Menschen im Alltag einnehmen.

Wir Autoren haben nach jahrelanger Beobachtung und intensivem Selbststudium festgestellt, dass auch Hunde nicht nur auf Überleben, Essen und Paarung programmiert sind. Zwar sind diese Bedürfnisse bei ihnen stärker ausgeprägt als beim Menschen, und sie folgen auch stärker ihren Instinkten – doch vor allem jene Hunde, die gut versorgt sind und sich wohlfühlen, beginnen sich der Selbstverwirklichung, der Suche nach der eigenen Lebensaufgabe und dem Sinn des Lebens zu nähern, genau wie der Mensch auch. Sie haben sowohl den Raum als auch die nötige Kraft, einen Beitrag hier auf Erden zu leisten – für ihre Besitzer, für die Gesellschaft und für den ganzen Planeten.

Selbstverwirklichung im Sinne eines Hundes ist nicht, sich das teuerste Auto, die trendigste Kleidung oder die grandiosesten Partys leisten zu können. Sie besteht auch nicht darin, befördert zu werden oder den idealen Partner fürs Leben zu finden. Das sind Wünsche eines Menschen. Hunde streben dagegen primär nach Harmonie und globalen Verbesserungen. Um es einfach zu machen: Sie wünschen sich glückliche Menschen und glückliche Tiere, glückliche Pflanzen und eine glückliche Erde. Wir sind der Meinung, dass jede Tierart einen positiven Beitrag zum Ganzen leisten möchte. Denn welchen Sinn hätte das Leben, wenn wir es nicht mit einem guten Gefühl verlassen könnten? Mit dem Gefühl, etwas Positives bewirkt zu haben, das Leben genossen und die Welt zu einem etwas besseren Ort gemacht zu haben. Das gilt für Menschen genauso wie für Tiere.

Mission Hund – warum es Hunde gibt

Hunde haben es sich zum Ziel gesetzt, alles für ihr Herrchen oder Frauchen zu tun. Sie schwören ihm gewissermaßen tiefe Treue und geben bedingungslose Liebe. Darin liegt ihr Lebenssinn, und je mehr »ihr« Mensch in Erfüllung und Zufriedenheit strahlt, desto mehr sehen sie auch ihre Lebensaufgabe als erfüllt an. Während viele Hunde diese Liebe und Treue klar zeigen, tun es andere über Umwege.

Wenn ihr Besitzer in einer schweren Phase ist, wissen manche Hunde dies ganz genau. Aus ihrer bedingungslosen Liebe heraus wollen dann die meisten Hunde einfach nur für ihn da sein. Sie begleiten diesen Menschen durch Lebenskrisen hindurch und leisten Hilfe und Beistand. Sie erwarten nicht einmal, dass es ihrem Besitzer wieder gut geht, sondern möchten in dieser harten Zeit einfach nur für ihn da sein und ihm Trost geben. Das sind sehr tapfere Hunde, die eine äußerst gefestigte Persönlichkeit entwickelt haben, damit sie die Qualen und das Leid ihres Besitzers aushalten können.

Andere Hunde haben als Ziel, das menschliche Leben auszukosten. Sie genießen es beispielsweise, in einer Großstadt zu leben, Kleidung zu tragen, verwöhnt und übermäßig gepflegt zu werden. Bereits als

Welpen verhalten sie sich ungewöhnlich für einen Hund. Beispielsweise meiden sie Regen, Schmutz und Dreck; sie fühlen sich mehr zu Menschen hingezogen als zu anderen Hunden und bevorzugen ein bestimmtes Gourmetfutter. Sie wollen sogar ein wenig vermenschlicht werden, weil sie eben das Leben eines Menschen erleben wollen. Sie sind daher auch gerne selbstständig, treffen eigene Entscheidungen und zeigen Egoismus, Eifersucht und Trotz, wie viele Menschen auch.

Dann gibt es Hunde, die die Rolle eines Coaches oder Lehrers einnehmen. Sie sind da, um dem Menschen seine Schattenseiten und Blockaden aufzuzeigen. Sie begleiten ihn als Mentor auf seinem Lebensweg und streben gemeinsam mit ihrem Besitzer nach Harmonie und Zufriedenheit. Sie greifen bei Konflikten gerne ein und würden am liebsten den Beruf des Mediators ausüben. Diese Hunde haben bereits einen hohen seelischen Entwicklungsgrad und sind sehr selbstreflektiert, auch wenn man es ihnen nicht immer gleich anmerkt. Doch in ihrem Kopf geht so einiges vor, und sie kreisen in ihren Gedanken und Gefühlen ständig um die Frage, was sie tun können, um mehr Licht, Liebe und Heilung auf die Erde zu bringen. Einige von ihnen sind nur auf das Wohl ihres Besitzers fokussiert, andere würden am liebsten die ganze Welt retten. Diese Hunde sind besonders intuitiv, feinfühlig und aufmerksam. Mit normalen Erziehungsmethoden kommt man bei ihnen nicht sehr weit. Sie sind auch schwer einzuordnen, denn sie erfüllen kaum die Erwartungen an ihre jeweilige Rasse, die wir Menschen haben. Diese Hunde blicken einen tief an und beobachten gerne und viel. Sie kommen uns wie magische Wesen vor, zeigen ihre Emotionen, ohne sich von ihnen kontrollieren zu lassen, wissen intuitiv, was wann zu tun ist, und fordern ihren Besitzer immer wieder heraus, indem sie ihn liebevoll, aber bestimmt aus seiner Komfortzone herausholen.

Der Sinn eines Hundelebens, dessen, was ein Hund auf dieser Erde bewirken will, lässt sich folgendermaßen zusammenfassen:

- Ihrem Besitzer bedingungslos treu zu sein und ihn bedingungslos zu lieben,
- für ihn da zu sein in guten und schlechten Zeiten,
- ihm Hilfe und Beistand zu leisten,
- überall Harmonie und Balance herzustellen,
- Licht, Liebe und Heilung auf die Erde zu bringen.

Von Hunden können wir sehr viel lernen. Beispielsweise unsere empathischen und intuitiven Fähigkeiten auszubauen. Oder mehr den Moment zu genießen, statt uns über Vergangenheit und Zukunft zu sorgen. Wir können von ihnen auch lernen, uns mehr um unsere Gesundheit zu kümmern und die Balance in unserem Leben zu finden. Sie unterstützen uns dabei, mehr Freude und Liebe zu spüren und diese dann mit anderen zu teilen.

Wenn wir all das erkennen, verstehen und praktisch anwenden lernen, dann sind Hunde glücklich. Sie haben dann ihren Lebenszweck erfüllt. Wenn sie kurz vor dem Sterben sind, können sie ruhig auf ihren Lebensweg zurückschauen und sagen, dass sie alles erreicht haben, was sie sich in der Welt des Menschen vorgenommen haben. Sie können daher mit einem guten Gefühl von ihrem Besitzer Abschied nehmen. Sie haben ihre Mission erfüllt.

Wir Menschen können Hunden so dankbar sein. Sie sind ein Geschenk für die Menschheit und die Erde. Sind die Grundbedürfnisse des Hundes nach Nahrung, einer Unterkunft, Wasser, Beschäftigung und Bewegung versorgt, fühlt er sich wertgeschätzt und vertrauensvoll geführt, so entscheidet er sich, seinen tieferen Lebenssinn zu erkennen und diesen mit seinem Besitzer zu teilen. Wir können Hunden dabei helfen, ein sinnerfülltes Leben zu führen, genauso wie Hunde uns beibringen können, Harmonie und Balance im Leben zu finden.

Ihr Hund ist ein Krafttier

Aus spiritueller Sicht übernimmt ein Hund die Rolle eines Schutzengels. Er möchte seinen Besitzer glücklich und gesund machen, und das körperlich, geistig, seelisch und spirituell. Er gibt ihm Führung und Unterstützung und warnt ihn vor Gefahren und bösen Energien.

Bei einem Krafttier handelt es sich um ein spirituelles Wesen. Jedes Krafttier strahlt eine besondere Energie aus und kann in bestimmten Situationen zu Hilfe gerufen werden. Krafttiere begleiten, schützen, führen und heilen ein anderes Lebewesen. Der Hund ist ein Krafttier, das seinem Besitzer als treuer Seelenbegleiter zur Seite steht.

Viele Menschen sind sich leider dieser spirituellen Kraft ihres Hundes nicht bewusst und behandeln ihren Hund deswegen wie ein Tier, das nur fressen und gestreichelt werden möchte. Dabei handelt es sich natürlich um wichtige Grundbedürfnisse Ihres Hundes, die keinesfalls missachtet werden sollen, genauso, wie dem Hund Führung und Sicherheit zu bieten. Doch das ist eben nicht alles. Neben diesen biologischen und psychologischen Bedürfnissen will der Hund auch seine spirituelle Seite ausleben. Er möchte Ihnen als Lehrer, Coach und Krafttier zur Seite stehen. Immer mehr Hunde haben Sehnsucht danach, eine tiefere Bedeutung im Leben des Menschen zu haben und in ihrem Potenzial deutlicher gesehen und wertgeschätzt zu werden.

Auch andere Tiere können als Krafttiere verstanden werden – etwa die Ameise, der Grashüpfer, die Katze oder der Löwe. Sie alle versuchen, ihren Beitrag auf Erden zu leisten. Und jedes von ihnen ist mit einer besonderen Energie und Ausstrahlung ausgestattet. Sind Sie sich dessen bewusst, dann können Sie mit jedem Tier eine tiefere Verbindung eingehen und seine bedeutsamen Botschaften und Kräfte für sich verstehen und nutzen lernen.

Wo dies der Fall ist, tauchen die Krafttiere in den Träumen des Menschen auf, kreuzen zufällig seinen Weg, begegnen ihm auf mystische Weise oder entscheiden sich, das Leben mit ihm zu verbringen. Diese bewusste Entscheidung des Tiers hilft uns Menschen, uns mit seiner besonderen Kraft und Energie zu verbinden und sie für unser eigenes Leben zu nutzen.

In vielen Kulturen ist der spirituelle Hund ein Begleiter von Göttern und bewacht Zugänge und Tore, die in die Anderswelt führen. Ein dreiköpfiger Hund namens Kerberos bewacht in der griechischen Mythologie das Tor zur Unterwelt und achtet darauf, dass weder die Lebenden noch die Toten dieses Tor durchschreiten. Seine Aufgabe ist es, keine Toten ins Reich der Lebenden und keine Lebenden ins Reich der Toten zu lassen.

Ein Hund ist ein großartiger Begleiter und Lehrmeister. Er zeigt Treue und Aufrichtigkeit, kann sich aber mithilfe seiner natürlichen Aggression auch wehren und jemanden beschützen. Er ist fähig, Menschen durch schwierige Zeiten zu helfen. Er weiß ganz genau, was ein Mensch braucht, um wieder in seine Balance zu finden. Ein Hund ist ein harmoniebedürftiges Wesen und kann uns daher helfen, mehr Harmonie im Leben walten zu lassen. Gleichzeitig bewacht er uns vor Gefahren und behütet uns vor negativen und dunklen Kräften. Er kann klare Grenzen setzen, und, noch viel wichtiger: Ein Hund ist Meister der bedingungslosen Liebe. Er liebt seinen Besitzer, immer und überall.

Sie können sich die Fähigkeiten und Gaben eines Hundes aneignen. Sie können von ihm lernen, treu und aufrichtig zu sein und ein zuverlässiger Begleiter für andere Menschen. Sie dürfen sich auch klar werden, wie wichtig Harmonie ist, und sich bewusster für mehr Balance in Ihrem Leben entscheiden. Ein Hund nimmt sich die Ruhe und Pausen, die er braucht; Menschen dagegen kämpfen mit einem schlechten Gewissen, wenn sie mal abschalten sollten. Sie können daher von einem Hund lernen, sich jederzeit eine Auszeit zu gönnen. Sie können auch lernen, mehr zu unterscheiden, wer oder was Ihnen im Leben guttut und wovon Sie lieber lassen sollten. Sie sorgen besser für sich selbst und schützen sich vor Gefahren oder Menschen, die Ihnen bewusst oder unbewusst schaden. Sie dürfen klare Grenzen setzen und, noch wichtiger, mehr lieben lernen. Hunde lieben sehr intensiv, Menschen tun sich oftmals schwer damit, zu lieben. Sie haben Angst, betrogen und verletzt zu werden. Hunde mögen diese Angst vielleicht auch haben, aber ihre Liebe ist größer und stärker als die Angst. Daher leben und sterben sie auch glücklicher als der Mensch.

Jedes Krafttier hat neben seiner Lichtseite auch eine dunkle Seite, auch Schattenseite genannt. Nichts ist nur weiß. Wir leben in der Dualität. Wenn es Weiß gibt, gibt es auch Schwarz. Beide Seiten haben ihre Berechtigung und sollten bewusst gesehen werden. Wenn Sie sich beide Anteile Ihrer selbst bewusst machen, dann geschieht etwas Wundersames: Sie schließen Frieden mit Gut und Böse und steigen dann auf eine andere Bewusstseinsstufe, auf der Sie Vollkommenheit erlangen können. Sie fühlen sich ganz und vollkommen. Danach streben viele Sinnsucher. Sie suchen nicht nach dem Sinn des Lebens, sondern wollen sich als vollkommen empfinden. Wer beides in sich kennt, Schwarz und Weiß, Ying und Yang, Gut und Böse, wer für beides einen geborgenen und heilsamen Raum in seinem Leben geschaffen hat, der erlangt die höchste Stufe der Selbstverwirklichung. Sie haben dann das Gefühl, dass Sie endlich angekommen sind und jenes Leben leben, für das Sie bestimmt wurden. Sie schöpfen mehr aus Ihrem Inneren heraus und wirken vom außen weitgehend unabhängig. Kurz gesagt: Sie sind frei. Ihre Seele hat Freiheit erlangt und damit Ihr Ziel der Selbstverwirlichung erreicht.

So, wie Hunde Sie mit Ihrer lichten Seite in Berührung bringen, können sie Ihnen auch helfen, mit Ihrer Schattenseite in Kontakt zu kommen. Das tun sie ganz vorurteilsfrei und aus Liebe, damit Sie ganz werden und Ihrem Seelenwunsch nach Wachstum und Transformation nachkommen können.

Die dunkle Seite des Hundes

Keine Frage – ein Hund ist bestechlich. Er scheint auf Menschen mit Leckerli hereinzufallen, die ihm vielleicht Böses tun wollen. Er kann zwar gute Menschen von schlechten unterscheiden, seine Instinkte können ihn jedoch dann täuschen, wenn der Magen leer oder das Bedürfnis nach Liebe und Anerkennung zu groß ist.

Hunde können auch sehr aggressiv werden und nutzen den Schwächeren, um ihrer Wut und Frustration freien Lauf zu lassen. Sie können manchmal auch unehrlich sein und etwas vortäuschen. Für ein Leckerli oder einen Nachschlag im Futternapf kann es passieren, dass der Hund einen hilfsbedürftigen und traurigen Blick aufsetzt oder seinen Besitzer austrickst. Auch fällt es Hunden schwer, sich von den Sorgen und Krisen ihrer Besitzer abzugrenzen. Ein Hund kann sich so stark mit seinem Besitzer identifizieren und mit seiner Persönlichkeit verschmelzen, dass er sich dabei selbst vergisst. Er ist vom Menschen nicht nur physisch, sondern auch emotional abhängig. Viele Hunde bleiben auch bei Menschen, die sie misshandeln. Sie vergessen sich selbst, opfern sich auf zum Wohle des anderen. Das sind die Schattenseiten eines Hundes, die auch Sie selbst betreffen könnten.

Wenn Sie Hunde sehr lieben und gerne mit ihnen zusammen sind, achten Sie zunächst darauf, ob die positiven Eigenschaften der Vierbeiner auf Sie eine anziehende Wirkung ausüben. Kann es sein, dass Sie sich danach sehnen? Wollen Sie vielleicht auch lernen, bedingungslos zu lieben? Sich selbst und anderen treuer zu sein, mehr Balance und Harmonie im Leben zu finden? Hunde können Ihnen dabei helfen, diese Energien zu kultivieren. Achten Sie aber gleichzeitig darauf, ob die Schattenseiten Ihres Hundes nicht bewusst oder unbewusst genauso ihre Wirkung zeigen. Neigen Sie vielleicht auch manchmal dazu, etwas vorzutäuschen, wenn es um Ihren Vorteil geht? Haben Sie ebenfalls Ihre Aggression nicht im Griff oder unterdrücken sie? Neigen Sie dazu, sich in einem anderen Menschen zu verlieren und dabei selbst zu vergessen?

Hunde können Ihnen helfen, die positiven und negativen Seiten in Ihnen aufzudecken, weil sie sie Ihnen spiegeln. Wenn Sie achtsam damit umgehen, können Sie diese Energien nutzen, um sich selbst besser zu verstehen und Neues an sich selbst zu entdecken. Sie können lernen, Ihre eigene Schattenseite an die Oberfläche zu bringen, sie sichtbar zu machen und ihr damit auch heilsam zu begegnen. Dieser Prozess gehört zum Weg der Selbstverwirklichung, den viele Menschen gerade durchlaufen. Sie werden immer wieder mit ihren eigenen Blockaden und unbewussten Mustern konfrontiert.

Ein Hund gibt uns Kraft, weiterzumachen, an uns und unseren Weg zu glauben und uns zu akzeptieren, wie wir gerade sind. Er zeigt uns mit bedingungsloser Liebe, dass jeder Tag ein neuer Anfang ist und wir immer von Neuem die Chance haben zu wachsen und mit der Welt verbunden zu sein. Er lehrt uns die Kunst, im Hier und Jetzt zu sein, jeden Tag unseren Aufgaben und Pflichten nachzugehen und unserem gewohnten Rhythmus zu folgen. Sein Mitgefühl hilft uns, mehr mit unseren eigenen Emotionen in Kontakt zu treten und dadurch ganzheitlich heil zu werden.

Verbinden Sie sich mit der Kraft des Hundes

Nehmen Sie sich folgende geführte Meditation auf oder lassen Sie sie von einer Person Ihres Vertrauens langsam und bewusst vorlesen. Sie können sie aber auch selbst immer wieder lesen und dabei in Ihre Tiefe eintauchen. Damit die Worte leichter Zugang zu den tieferen Dimensionen Ihrer Persönlichkeit finden, haben wir für die Meditation die »Du«-Ansprache gewählt.

Geführte Meditation: Sich mit der Kraft des Hundes verbinden

Leg dich gemütlich hin. Wähle eine Position, in der du eine gute halbe Stunde verweilen kannst, ohne dich anzustrengen. Komm zur Ruhe. Entspanne dich. Schließe langsam deine Augen und halte sie für die Dauer der Übung geschlossen. So kannst du dich von der Alltagswelt verabschieden und voll und ganz in die Welt der Magie eintreten. In *deine* Welt der Magie, in der alles möglich ist, in der du komplett frei und heil bist.

Entspanne dich. Achte auf deinen Atem. Atme tief durch die Nase ein. Schick die Luft in deine Brust und in deinen Bauch. Halte den Atem kurz an. Genieße diese frische Luft in dir. Und bevor es dir unangenehm wird, lässt du die verbrauchte, warme Luft frei aus deinen Lungen fließen. Atme wieder tief ein. Halte den Atem. Atme aus.

Deine Atemzüge werden nach und nach länger und tiefer. Zähle beim Einatmen bis drei, langsam, in deinem Tempo. Halte kurz den Atem und atme wieder über drei aus. Lass die Schwerkraft wirken. Beim ersten Ausatmen spürst du, wie deine Beine schwer werden und in den Boden versinken. Beim zweiten Ausatmen spürst du, wie dein Becken schwer wird und in den Boden versinkt. Beim dritten Ausatmen spürst du, wie dein Rücken und Kopf schwer werden und in den Boden versinken. Atme noch einmal tief ein und wieder aus und spüre, wie du voll und ganz mit dem Boden unter dir in Kontakt bist.

Gedanken, die kommen, schickst du beim Ausatmen weg. Stell dir vor, diese Gedanken wären Wolken, die deine Sonne verstecken. Puste diese Wolken weg. Befreie die Sonne. Lass die Sonnenstrahlen in dich hineinsickern. Spüre ihre Wärme. Dies ist eine reine Energie. Tanke dich voll mit dieser reinen, warmen Sonnenenergie. Atme langsam und tief weiter.

Nun begib dich auf eine magische Reise. Stell dir vor, du befindest dich auf einem Weg, der an einem Bach entlangführt. Du siehst die Sonnenstrahlen auf der Wasseroberfläche tanzen. Du siehst die Pflanzen, die am Bach entlang wachsen, genährt vom Wasser. Bewundere ihre farbigen Blüten. Nimm den Duft dieser Blüten wahr. Dieser Duft ist himmlisch. Dieser Duft wurde dir von der Natur geschickt. Nimm ihn an. Er ist ein Geschenk der Natur.

Folge weiter deinem Pfad. Er führt immer noch den Bach entlang. Nimm alles wahr, was du wahrnehmen kannst. Die Düfte, die Farben, die Formen. Nimm alle Geschenke der Natur bewusst wahr.

Nach einer Weile verändert sich deine Umgebung. Du stehst nun in einem Wald. Die Bäume sind alt. Tausende von Jahren alt. Sie tragen viel Weisheit in sich. Moos wächst auf ihren Stämmen. Dieser Wald überlebt seit Jahrtausenden. Er ist unberührt.

Hier befindet sich der magische Eingang zum Reich der Hunde. Such diesen Eingang. Er ist ganz nah bei dir. Er wartet auf dich. Er ist nur für dich da. Kein anderer kann ihn sehen. Es ist dein Eingang in die Welt der Magie. Schau hinter dich. Dort ist dein Eingang. Dort, am Fuß der alten Eiche. Nähere dich der alten Eiche. Sieh, wie die

Wurzeln sich bewegen. Sie geben eine Öffnung frei. Diese Öffnung kann eine Tür sein oder der Eingang einer Höhle. Ganz egal, was du siehst, geh durch die Öffnung.

Nun bist du in der Welt der Magie. Vor dir siehst du eine große, saftige Wiese. Such dir einen Platz auf dieser Wiese aus, vielleicht unter der Trauerweide an deiner linken Seite. Dort bist du ungestört. Leg dich hin und genieße die Sonnenstrahlen, die durch die Äste der Weide tanzen. Schließe die Augen und entspanne dich. Du schläfst ein. Umgeben von der Magie und der Wärme dieses Orts.

Nach einiger Zeit spürst du, dass du nicht mehr alleine bist. Du spürst die Wärme und den Atem eines Hundes. Schau zu ihm hin. Es ist das Krafttier Hund, der Vater aller Hunde, der Begleiter aller Hunde, die Seele aller Hunde. Er ist jetzt für dich und nur für dich da. Dein Seelenbegleiter.

Fass diesen magischen Hund an. Spüre sein Fell. Spüre seine Wärme. Spüre, wie seine Haut bei der Berührung zuckt. Verbinde dich mit ihm. Wenn du mit ihm reden willst, dann rede mit ihm. Wenn du ihn anschauen willst, dann schau ihn an. Wenn du ihn berühren willst, dann berühre ihn. Er ist da für dich. Schließe Bekanntschaft mit diesem Krafttier. Spüre die Verbundenheit mit deinem Krafttier. Spüre die bedingungslose Liebe, die dein Krafttier dir schenkt. Und spüre auch deine Liebe.

Nun will dein Krafttier Hund dir vielleicht eine Botschaft mitgeben. Vielleicht brauchst du noch keine Botschaft von ihm. Vielleicht reicht dir die Verbindung. Lass deinem Krafttier Zeit. Es wird dir das geben, was du gerade jetzt brauchst.

Du kannst deinem Krafttier auch Fragen stellen. Stelle nur offene Fragen, damit es in seiner Traumwelt antworten kann, mit Bildern, Emotionen und vielleicht sogar ganzen Sätzen. Achte darauf, welche Bilder, Emotionen, Visionen und Eingebungen aufkommen, wenn du eine Frage stellst. Mach dir Notizen. Du kannst immer wieder auf diese Weise mit deinem Krafttier sprechen.

Nun ist es Zeit, dich von deinem Krafttier zu verabschieden. Ihr seid ab jetzt für immer verbunden. Es wird dir immer zur Seite stehen. Es wird dir immer helfen. Vertraue ihm. Berühre dein Krafttier ein letztes Mal. Streichle es dort, wo es das am liebsten hat. Spüre die Energie, die es dir geschenkt hat. Spüre die Kraft, die es dir gegeben hat. Freu dich über die Begegnung und bedanke dich ein letztes Mal.

Nun kehre zurück zum Wald hinter dir. Finde wieder die alte Eiche, die dich in diese magische Welt gebracht hat. Sie ist genau vor dir. Komm wieder durch die gleiche Öffnung zurück in die materielle Welt. Leg dich vor der alten Eiche hin. Lass deine Gefühle hochkommen. Genieße den Moment. Du bist gerade deinem Krafttier begegnet. Spüre seine Kraft in dir. Nimm diese Kraft mit in den Tag. Bleibe ruhig liegen. Beginne, deine Füße langsam zu bewegen. Bewege deine Hände leicht. Nun rolle deinen Kopf von einer Seite zur anderen. Reibe deine Hände aneinander, bis du Wärme spürst. Leg deine Hände auf dein Gesicht und nimm diese Wärme auf. Jetzt öffne langsam die Augen und streichle deinen Körper mit deinen Händen. Atme tief ein und aus, steh langsam auf und geh dann wieder deinem gewohnten Alltag nach.

Die Seelenvereinbarung mit Ihrem Hund

Menschen, die zusammenkommen und eine enge Beziehung zueinander pflegen, gehen gemeinsam durch dick und dünn. Sie unterstützen einander in schwierigen Phasen und genießen gemeinsam die schönen

Zeiten. Mit den Menschen, die in unser Leben treten und unsere besten, aber auch unsere schlimmsten Seiten aus uns herauskitzeln, sind wir auf unbewusste Weise eine Seelenvereinbarung eingegangen. Eine Seelenvereinbarung ist ein Übereinkommen von zwei Lebewesen, die sich zum Ziel gesetzt haben, gemeinsam durchs Leben zu gehen, voneinander zu lernen, einander zu unterstützen und sich dabei gegenseitig manchmal auch unangenehm herauszufordern, wobei das Ziel stets Wachstum ist. Gerade jene Menschen, die in uns sehr viele oder sehr starke negative Emotionen auslösen, erkennen wir im Nachhinein betrachtet als Geschenk des Lebens. Ihnen verdanken wir, dass wir unsere Schattenseiten erfahren konnten. Sie lassen uns ganz neue Aspekte unserer selbst erkennen, denn in Wahrheit spiegeln oder wecken gerade diese »negativen« Menschen einen unterdrückten Aspekt von uns selbst. Einen Teil, den wir nicht wahrhaben wollten, der aber trotzdem zu uns gehört. Wer diese Einsicht gewinnt, erfährt sich selbst neu. Er lernt mehr über sich selbst, kann destruktive Denkmuster loslassen und somit persönlich wachsen. Krisen können auf diese Weise neue Potenziale erschließen. Richtig erkannt und genutzt, helfen sie uns, unser Leben zu ändern und einzusehen, wie eingeschränkt und beengt wir bisher gelebt haben. Vor allem aber auch, wie unreflektiert wir waren.

Auch Hunde bringen uns in solch erkenntnisreiche Krisen. Denn auch mit ihnen sind wir eine Seelenvereinbarung eingegangen. Auf unbewusster Ebene wurde ein Pakt geschlossen. Darin ist definiert, wie das Tier den Menschen auf seinem Lebensweg mit allen Höhen und Tiefen bestmöglich unterstützen kann. Das ist mitunter auch eine Erklärung dafür, wie es sein kann, dass Hunde so viel über »ihren« Menschen wissen; etwa ob dieser Mensch gerade in Not ist, ob er den Hund braucht, wann er eine Pause benötigt und vieles mehr. Hunde sind Menschenversteher, weil sie durch die Seele wichtige Informationen über uns erhalten haben.

Ihr Hund ist nicht zufällig zu Ihnen gekommen. Sie haben genau den richtigen Hund zum richtigen Zeitpunkt bekommen, und es ist jetzt genau der richtige Zeitpunkt, dass Sie mit diesem oder jenem Problem konfrontiert werden. So haben es Ihre Seele und die Ihres Hundes vereinbart! Genau deswegen ist Ihr Hund zu Ihnen gekommen!

Doch was ist diese Seele, von der wir reden, und inwiefern unterscheidet sie sich vom Geist oder von der Psyche? Aus der Sicht der hermetischen Philosophie gibt es keine Unterscheidung zwischen Geist, Psyche und Seele, denn im Endeffekt bildet alles eine Einheit. Für uns Menschen ist es jedoch hilfreich, eine Kategorisierung zu treffen, um die Dinge besser einordnen zu können.

Die Seele ist nach unserer Definition das Ich, das mit dem Ganzen verbunden ist. Die Seele bewohnt den Körper, versorgt ihn mit Energie und stellt auch die Verbindung zum Universum her.

Der Körper besteht aus sichtbarer Materie, die Seele aus für das Auge unsichtbarer Energie, und die Psyche ist das denkende und fühlende System und unter anderem ein Bindeglied zwischen Körper und Seele. Die Seele ist eine übersinnliche Intelligenz, die alles, und somit auch den Körper und die Psyche, am Leben erhält.

Doch zurück zu unseren Hunden und einer wohlbekannten Beobachtung: Hund und Besitzer werden sich nach gewisser Zeit immer ähnlicher. Und das nicht nur optisch. Sie nehmen auch ähnliche Charakterzüge an. Meist durchleben sie sogar die gleichen Probleme und Sorgen, reagieren gleich auf Stress oder Freude und teilen sogar die gleichen Krankheiten. All das kann kein Zufall sein. Dahinter scheint eine Intelligenz am Werk zu sein, die zur Begegnung gerade dieser beiden Lebewesen geführt hat und nach einem bestimmten Plan vorgeht. Diese Intelligenz sind die Seelen beider

Lebewesen. Und der Plan folgt aus der gemeinsamen Vereinbarung.

Die Vereinbarung zwischen Hund und Mensch beinhaltet folgende Punkte:

- Zeige mir, wer ich bin, und ich zeige dir, wer du bist.
- Was kann ich von dir über mich selbst lernen, und wie hilfst du mir, mich selbst zu erkennen?
- Halten wir nicht mehr an jenen Dingen fest, die uns unglücklich machen!
- Bringen wir negative Denkmuster und Emotionen an die Oberfläche, damit wir erkennen, wer wir ohne sie sind!
- Lass uns gemeinsam ein erfülltes Leben realisieren!
- Ich (Hund) zeige dir (Mensch), wie du mehr bedingungslos lieben kannst.
- Du (Mensch) zeigst mir (Hund), wie ich individueller werden kann.

Jeder Mensch stellt sich früher oder später die Frage, warum er auf Erden ist, was seine besondere Lebensaufgabe auf dieser Welt ist und was ihn mit Sinn und Leidenschaft erfüllt. Eine allgemeingültige Antwort auf diese Fragen gibt es nicht. Jeder Mensch hat einen ganz individuellen Seelenauftrag hier auf Erden. Diesen Auftrag anzunehmen und auszuführen gibt uns das Gefühl der Erfüllung. Doch es ist nicht leicht, seinen eigenen Weg zu finden. Der Hund hilft uns dabei. Es ist bekannt, dass ein Außenstehender uns oft besser helfen kann als wir uns selbst, weil er die Situation aus einer ganz anderen Perspektive sieht als wir, eben aus der Distanz. Hunde spielen diese Rolle des Beobachters, Beraters und Coaches. Die seelische Vereinbarung mit ihnen dient dazu, dass wir unserem Seelenauftrag folgen und den Weg gehen, der uns zur Erfüllung bringt.

Ein Mensch kann umso leichter seine Lebensaufgaben auf dieser Erde erfüllen, je mehr er über sich selbst weiß, seine wahren Wünsche und Bedürfnisse kennt und aus hinderlichen Prägungen herauswächst. Und der Weg zum Seelenauftrag führt über Liebe und Akzeptanz ebenso wie über Mut und Selbsterkenntnis. Besonders von Hunden können wir lernen, mehr zu lieben, uns selbst sowie unseren Weg zu genießen und vor allem, an die Liebe keine Bedingungen zu stellen. Hunde sind fähig, einfach nur Liebe zu geben, ganz gleich, ob ihr Besitzer gerade gut drauf ist, befördert wurde oder sich womöglich wertlos fühlt. Ihr Hund liebt sie immer.

Wenn Sie einen Blick auf das vergangene und gegenwärtige Weltgeschehen werfen, werden Sie feststellen, dass es dem Menschen trotz aller technischen Errungenschaften immer noch an Liebe und Mitgefühl mangelt. Doch je mehr wir lernen zu lieben – uns selbst und andere –, je mehr wir in die tiefen Gefühle der Liebe eindringen können, desto mehr können wir unseren seelischen Auftrag auf der Erde meistern und endlich glücklich sein. Unsere Hunde begleiten uns dabei als liebende Wesen mit aller Kraft.

Die folgende Übung wird Ihnen helfen, die seelische Begleitung Ihres Hundes mehr als bisher zuzulassen:

Den Hund seelischen Begleiter sein lassen

- Machen Sie es sich an einem gemütlichen und ablenkungsfreien Ort bequem.
- Zünden Sie eine Kerze an und dekorieren Sie den Platz nach Ihren Wünschen.
- Holen Sie Ihren Hund zu sich. Er kann sich auf Ihren Schoß legen oder neben Sie.
- Atmen Sie mehrmals tief ein und aus und lassen Sie die Gedanken des Alltags für einen Moment los.

- Sichern Sie Ihrem Hund Folgendes zu: »Ich bin jetzt bereit, meinen Lebensweg zu gehen und meine besonderen Lebensaufgaben zu erfüllen. Und ich danke dir für deine Begleitung und Unterstützung.«
- Richten Sie dabei Ihre Aufmerksamkeit auf Ihr Herz und legen Sie Ihre linke Hand darauf. Versprechen Sie sich nun: »Ich werde den Weg des Herzens gehen und Verstand und Intuition in Einklang bringen.«
- Sehen Sie Ihren Hund an und bedanken Sie sich bei ihm für die Seelenvereinbarung, die Sie bewusst oder unbewusst getroffen haben. Sie brauchen diese noch nicht zu kennen oder zu verstehen, um sich zu bedanken.
- Atmen Sie mehrmals tief ein und aus und beenden Sie die Übung mit einem Lächeln. Gehen Sie Ihren gewohnten Weg von nun an mit mehr Achtsamkeit und Herzlichkeit.

Stellen Sie sich nun, unterstützt vom Wissen Ihres Hundes, folgende Fragen, um stets auf dem Kurs Ihres Seelenauftrags zu bleiben:

- Warum bin ich hier?
- Was will ich wirklich?
- Wohin wünsche ich mir zu gehen?
- *(Name Ihres Hundes)*, was sind deine bedeutsamen Botschaften für mich auf diesem Weg?

Erwarten Sie nicht, dass Ihnen sofort eine Antwort kommt. Sie dürfen mit diesen Fragen leicht, spielerisch und frei von Druck umgehen. Allein schon sie zu stellen aktiviert Ihr Unterbewusstsein (oder Ihre Seele), die gesuchten Antworten und Ereignisse zu Ihnen zu holen.

Der spirituelle Umgang mit Trennung, Verlust und Tod

Jedes Leben auf der Erde führt durch Geburt und Tod. Mit der Geburt tun wir Menschen uns meist leicht. Die Mehrzahl der Neugeborenen wird mit Freude und offenem Herzen empfangen. Die Eltern – oder frischgebackenen Hundebesitzer – sind überglücklich und feiern das neue Familienmitglied. Alles scheint perfekt zu sein. Mit einer Ausnahme: Der Mensch weiß instinktiv, dass dieses Neugeborene wie jedes Lebewesen eines Tages wieder gehen wird. Ganz gleich, wie sehr Sie sich gegen das Thema wehren, der Körper ist nun einmal darauf programmiert, eines Tages zu sterben. Auch wenn Sie dem Tod nicht ins Auge sehen wollen – tief in Ihrem Inneren wissen Sie ganz genau, dass die Zeit auf dieser Erde beschränkt ist. Unsere Haustiere leben nicht ewig. Mit dieser Tatsache können sich viele Hundebesitzer nicht abfinden und verdrängen sie daher lieber.

Wir leben in einer Anti-Aging-Gesellschaft, in der der Tod durch das Streben nach beständiger Jugendlichkeit und Vitalität in den Hintergrund gedrängt wird. Alte Menschen werden in großen Häusern, die wir Altenheime nennen, weggesperrt und so außer Sicht gebracht. Falten und andere sichtbare Alterungsprozesse des Körpers werden so lange wie nur möglich mit teuren Cremes, später mit Nervengift und schlussendlich mit chirurgischen Eingriffen eliminiert. Schön ist, wer jung aussieht. Besonders Frauen sehen sich einem hohen Druck ausgesetzt. Sie versuchen oft mit allen Mitteln, jung auszusehen. Dagegen ist grundsätzlich nichts einzuwenden. Allerdings besteht die Gefahr, dass Sie nur die halbe Wahrheit leben, wenn Sie das Altern und somit auch den Tod zur Seite schieben und verdrängen. Wenn Sie nicht verstehen wollen, dass zur Geburt unabdingbar der Tod gehört, dann sehen Sie Ihr Leben nicht als Ganzes. Sie laufen nur einem Ideal hinterher, statt die tiefen Potenziale zu entdecken, die das Sterblichsein mit sich bringt.

Doch welche Potenziale hat der Tod, und wie kann er uns helfen, ganzer und damit auch heiler zu werden? Gehen wir die Frage einmal logisch an: Wenn Sie sich immer wieder klarmachen, dass Ihre Zeit hier auf Erden begrenzt ist, dann werden Sie wahrscheinlich umzudenken beginnen. Wenn Sie einem Kind sagen, dass es den Eissalon nur eine Woche lang gibt, dann wird es wahrscheinlich das Bedürfnis haben, in dieser kurzen Zeit möglichst viele Eissorten auszuprobieren. Ähnlich verhält es sich mit dem Tod. Wenn Sie sich Ihrer Sterblichkeit bewusst sind, werden Sie mehr Sehnsucht danach haben, in Ihrem Leben Neues auszuprobieren, sich selbst mehr zu erfahren, aber auch Spaß und Freude zu suchen. Sie werden stärker motiviert sein, das loszulassen, was Sie einschränkt, traurig macht und langweilt. Sie werden endlich das Leben leben. Die Kleinigkeiten und Banalitäten, mit denen Sie sich vielleicht in Ihrem bisherigen Leben so intensiv befasst haben, bekommen nicht länger Ihre Aufmerksamkeit. Stattdessen wollen Sie wahrscheinlich mehr genießen, mehr erfahren, mehr lieben, mehr lachen, mehr spüren und vor allem mehr Ihren Wünschen nachgehen, kurz: tiefer leben und erleben. Und all das würden Sie wahrscheinlich auch machen, um eines Tages auf dem Sterbebett sagen zu können, dass Ihr Leben lebenswert war. Dass Sie sich alles erfüllt haben – oder wenigstens alles getan haben, um das Leben in vollen Zügen zu erleben.

Diese Potenziale trägt der Tod in sich. Er treibt Sie an, Ihr Traumleben zu *leben*, statt es sich nur auszumalen. Sie werden dann immer stärker den Wunsch verspüren, jeden Tag sinnvoll, intensiv und schön zu gestalten, und Sie werden auch den Antrieb finden, diesen Wunsch in die Tat umzusetzen. Und wenn es Ihnen heute vielleicht nicht gelingt, dann morgen oder übermorgen. Auf jeden Fall bleiben Sie dran, bis Sie es so hinkriegen, wie Sie es sich wünschen.

Selbstverständlich verändert sich auch das Zusammenleben mit anderen Lebewesen, wenn Sie sich über Ihre begrenzte Zeit auf Erden immer wieder bewusst werden. Sie wünschen sich womöglich einen intensiveren, intimeren Austausch mit Menschen und Tieren. Das geht nur, wenn Sie bereit sind, immer mehr lieben zu lernen. Sie entscheiden sich, in Sachen Liebe dazuzulernen und sich der Liebe mehr zu öffnen, mit dem Risiko, dass Sie angreifbarer und verletzlicher werden. Doch am Ende können Sie immerhin sagen, dass Sie intensiv geliebt haben. Sie haben gespürt, gelacht, geweint, getrauert, gespielt – sprich, Sie haben gelebt –, und das macht das Leben lebenswert. Unsere Angst vor dem Tod ist in Wirklichkeit die Angst davor, am Ende unseres Lebens erkennen zu müssen, dass wir es nicht voll gelebt haben.

Der heilsame Umgang mit dem Tod

Und was ist nach dem Tod? Je nachdem, welche Weltanschauung Sie pflegen, werden Sie vom Tod glauben, dass danach entweder nichts mehr kommt oder dass es weitergeht. Die Vorstellung, dass nach dem Tod alles zu Ende ist, könnte Sie entweder in Panik versetzen oder Ihnen Erleichterung bringen, je nachdem, wie Sie Ihr Leben gelebt haben. Die Wissenschaft tendiert dahin, zu sagen, dass mit dem Tod alles zu Ende ist. Doch ist das wirklich so? Ihr Hund und auch Sie selbst sind mehr als nur ein Körper. Stellen Sie sich vor, es ist alles aus, und Sie konnten Ihre Träume nicht leben, sich gewisse Fähigkeiten nicht aneignen oder Lebenswünsche nicht erfüllen. Was passiert mit der

80-jährigen alten Dame, die immer schon in der Südsee schnorcheln wollte, es aber aus familiären Gründen nie tun konnte?

Und was ist mit den Verletzungen und Achtlosigkeiten, die wir im Lauf unseres Lebens anderen Menschen angetan haben? Bekommen wir nie die Gelegenheit, alles wiedergutzumachen? Diese Vorstellung erleichtert nicht den Umgang mit dem Tod. Ein solches Konzept von Tod macht Angst. Wir haben Angst davor, etwas nicht zu Ende bringen zu können, was noch nicht abgeschlossen ist. Diese Angst nimmt uns jede Zuversicht. Doch das ist nicht das Leben. Das Leben bestraft nicht. Vielmehr tragen wir in uns die Macht, unser Leben und unsere Realität zu gestalten.

Jeder Mensch hat das Recht, sich all seine Wünsche und Lebensträume zu erfüllen, all seine Fähigkeiten und Gaben zu entfalten und sich selbst und seinen Mitmenschen zu vergeben, sodass er in Frieden und Harmonie leben kann. Die meisten Menschen schaffen das nicht in einem einzigen Leben – schließlich lebt ein Körper nur ein knappes Jahrhundert, und kulturelle, religiöse und familiäre Verstrickungen können einen in der eigenen Entfaltung stark bremsen. Deshalb hat die Natur der Schöpfung etwas vorgesehen, das uns mehr Raum und Zeit gibt. Auch, um Erfahrungen nachzuholen und Dinge neu zu sortieren: Wir können wiederkommen und neu beginnen beziehungsweise dort weitermachen, wo wir stehen geblieben sind.

Es scheint tatsächlich irgendetwas nach dem Tod weiterzuleben. Das zeigen auch Forschungen mit Menschen, die Nahtoderfahrungen gemacht haben, klinisch für tot erklärt wurden und dann wie durch ein Wunder zurückkamen. Diese Menschen berichten, sie hätten nach dem klinischen Tod ihren Körper verlassen, konnten aber immer noch wahrnehmen, was um sie herum passierte. Und dann, plötzlich, kehrten sie in ihren Körper zurück, und dieser erwachte wieder zum Leben. Irgendetwas war eben nicht klinisch tot und nahm den Körper wieder in Besitz. Ist es wohl die Seele? Hat sie das Potenzial, den Körper lebendig zu machen oder sterben zu lassen?

Was wir üblicherweise als Tod bezeichnen, ist nur der Körper, der aufhört zu arbeiten. Die Organe beenden ihre Arbeit, und die körperliche Substanz des Lebewesens zerfällt. Materiell gesehen lösen wir uns auf und verschmelzen wieder mit der Erde. Doch wir haben gesehen, dass ein Lebewesen mehr ist als bloß ein Körper. Dieses Mehr lebt weiter; es ist nicht Materie, sondern reine Energie. Dies erklärt auch, warum viele Tierbesitzer die Anwesenheit ihres Haustiers noch Wochen oder sogar Monate nach dessen Tod spüren. Was sie spüren, ist die Seele des Tiers. Die Seele ist unsterblich. Sie kann nach dem körperlichen Tod dableiben oder sich zurückziehen, doch sterben tut sie nicht.

Verlustangst und Trennung

Jeder Hundebesitzer weiß tief in seinem Inneren, dass sein Hund irgendwann sterben wird. Wir raten Ihnen: Statt sich gegen diesen natürlichen Prozess des Lebens zu wehren oder diese Vorstellung zu verdrängen, sollten Sie versuchen, ganz klar und bewusst hinzuschauen. Welche Ängste kommen in Ihnen hoch? Welche Gedanken? Welche Befürchtungen? Schauen Sie bewusst hin und fühlen Sie, was gefühlt werden will. Es ist ein Geschenk, das Ihnen Ihr Hund macht. Sie werden sich ganz sicher mit dem Tod auseinandersetzen müssen, spätestens dann, wenn Ihr Hund (oder Sie selbst) tatsächlich im Sterbeprozess ist. Doch dann wird Ihr Hund Ihre Unterstützung und Liebe brauchen, nicht Ihre Sorgen, Ihr Mitleid, Ihre Wut, Ihr Unverständnis, Ihre Angst. Bedenken Sie: Die schlimmste Vorstellung für einen Hund ist, dass sein Besitzer seinetwegen leidet. Lösen Sie Ihre Angst jetzt auf, indem Sie hinschauen. So werden Sie die Angst vor dem Tod verlieren und Ihren Hund zum gegebenen Zeitpunkt voll und ganz unterstützen können. Sie werden auch jetzt schon jede Sekunde, die Sie mit ihm verbringen, genießen wollen. Sie werden sich eine tiefere Begegnung mit Ihrem Hund wünschen, Krankheiten ganzheitlicher heilen, Verhaltensprobleme anders sehen und vor allem eine tiefere Liebe und Mitgefühl entwickeln wollen.

Ohne gedankliche Vorbereitung auf den Tod werden Sie sich mit Ängsten, Schuldgefühlen und Trennungsschmerzen plagen. Diese Emotionen belasten dann auch Ihren Hund. Er wird Ihre Gefühle wahrnehmen und glauben, dass etwas nicht stimmt. Infolgedessen wird er dann auch selbst Angst und Schuld empfinden. Der Hund lernt von seinem Besitzer, Angst vor dem Tod zu haben, was gegen seine Natur ist. Er will dann womöglich nicht gehen und zögert das Sterben künstlich hinaus, was immer mit Leid und Schmerz verbunden ist, körperlich und auch emotional. Für das Tier wäre der Tod etwas ganz Selbstverständliches und Natürliches. Es weiß, dass der Kreis sich schließt und der Übergang in eine neue Sphäre geschieht. Nur der Mensch macht den Tod schlimmer, als er ist. All unsere Einstellungen und Denkmuster über den Tod behindern uns, die Natürlichkeit des Sterbens verstehen zu lernen.

Die Trauer, die viele Menschen beim Sterben ihres Haustiers empfinden, ist und bleibt etwas völlig Normales. Ein Körper, der jahrelang an unserer Seite war, verlässt uns, und das hinterlässt eine Leere. Wenn man den Tod jedoch besser versteht und das Tier nicht bloß als Körper wahrnimmt, sondern auch als Seele, entfällt das Unverständnis für das Sterben und damit der gesamte Widerstand, den wir dem körperlichen Tod entgegenbringen. Was stattdessen zurückbleibt, ist die tiefe Verbundenheit, die ein Mensch mit seinem Hund für immer haben kann.

Ein Seelenvertrag mit Verfallsdatum

Wenn zwei Lebewesen sich unbewusst anziehen, um voneinander zu lernen, dann hat diese Begegnung einen Beginn und ein Ende. Jede Seelenvereinbarung hat somit ein Ablaufdatum. Tier und Mensch kamen zusammen, sind gemeinsam durch dick und dünn gegangen und können dann wieder getrennte Wege gehen. Sie haben sich in guten und in schlechten Zeiten unterstützt. Sie sind miteinander durch Angst, Stress und Unsicherheit gegangen. Und das alles, um am Ende womöglich sagen zu können: Ich habe neue Erfahrungen machen können. Ich durfte viel lernen. Ich konnte wachsen und mich selbst dabei entdecken. Ich habe getan, was ich tun konnte. Ich wollte erfahren und bewirken, und genau das habe ich gemacht.

Die Seelenvereinbarung zwischen Hund und Mensch ist dann zu Ende, wenn der Hund alles gelernt hat, was er von seinem Besitzer lernen wollte, und umgekehrt diesen alles gelehrt hat, wofür er herkam. Es ist dann an der Zeit, dass Tier und Mensch getrennte Wege gehen.

Diese Trennung kann auf verschiedene Weisen stattfinden: durch den Tod oder durch eine anders geartete physische Trennung. Es kann aber auch geschehen, dass der Hund sich emotional von seinem Besitzer distanziert und eine Beziehung zu einer anderen Person der Familie oder des Freundeskreises aufbaut, mit der ebenfalls eine Seelenvereinbarung besteht. Mit dieser Person kann der Hund seinen nächsten Seelenauftrag erfüllen.

Ein Hundekörper lebt durchschnittlich nur 12 bis 14 Jahre. In diesen wenigen Jahren haben Mensch und Hund nicht immer Zeit, alles voneinander zu lernen, was sie lernen wollen. Doch wenn der Körper am Ende seiner biologischen Existenz ist, hat auch die Seele nicht die Kraft, ihn am Leben zu halten. Was dann passiert, ist ein wundervolles Erlebnis: Der Hund stirbt, doch sehr bald tritt ein neues Lebewesen ungeplant ins Leben des Besitzers. Dieses neue Lebewesen muss nicht unbedingt ein Hund sein, es kann auch im Körper einer Katze, eines Pferds oder eines anderen Lebewesen kommen, doch es wird den Besitzer sehr stark an seinen verstorbenen Hund erinnern. In seiner Art, sich zu bewegen, in seinen Vorlieben, in seinem Verhalten und sogar in seinem Aussehen. Ein Fehler ist zu glauben, dass der gleiche Hund oder die gleiche Seele wiedergekommen sei. Es ist mehr so, dass ein Wesen in Ihr Leben gekommen ist, das die Arbeit Ihres verstorbenen Hundes fortsetzt. Dahinter verbirgt sich ein Geschenk Ihres Hundes, mit dem er Ihnen seine Treue und bedingungslose Liebe zeigen kann, auch nach seinem Tod.

Anleitung für einen sanften Tod

Der Tod ist ein natürlicher Vorgang, wir können ihn auch ohne Leid und Schmerz erfahren. Nach buddhistischem Glauben wandelt sich zuerst Erde in Wasser. Das bedeutet, der Körper verliert an Kraft und Standhaftigkeit (Element Erde) und wird schlaff (Element Wasser). Dabei kann es zu ruckartigen und unkontrollierten Bewegungen kommen. Die Muskeln verbrauchen die letzte Energie. Hier kann der Mensch den Hund beim Übergang unterstützen. Berührungen sind hilfreich, damit der Hund sich weniger hilflos fühlt und nicht erschrickt, weil seine Körperwahrnehmung abnimmt. Am besten, Sie decken Ihren Hund auch zu und umarmen ihn. Geben Sie ihm Kraft und Sicherheit, um seinen Sterbeweg zu gehen. Geben Sie ihm das Gefühl, dass alles in Ordnung ist, dass alles seinen natürlichen Gang nimmt. Wenn Ihr Hund Freunde und Gleichgesinnte hat, ist nun der richtige Moment, diese dazu einzuladen, sich zu verabschieden. Sie werden Ihren Hund bestens unterstützen und ihm ein Gefühl von Geborgenheit und Sicherheit schenken können. Lassen Sie nun auch selbst alle Gefühle der Trauer und des Trennungsschmerzes zu. Bleiben Sie dabei ganz bewusst. Fühlen Sie tief, aber halten Sie nicht am Leben fest. Geben Sie stattdessen Ihrem Hund die Erlaubnis zu gehen, wenn die Zeit reif dafür ist.

Im nächsten Schritt verwandelt sich Wasser in Feuer. Das Wasser verlässt den Körper. Der Hund verspürt nun eventuell großen Durst, um diesen Wasserverlust im Körper auszugleichen. Bieten Sie ihm Wasser an. Strahlen Sie Ruhe aus und lassen Sie Ihren Hund wissen, dass alles in Ordnung ist. Zünden Sie Kerzen an, die das Feuerelement unterstützen, und schaffen Sie eine Atmosphäre, in der Ihr Hund sich wohlfühlen kann. Wenn Sie eine religiöse oder spirituelle Ausrichtung haben, sprechen Sie ein Gebet. Das Mantra *Asato ma* sowie das *Gayatri*-Mantra mitzusingen hilft Ihnen und Ihrem Hund, in die richtige Energie zu kommen. Wünschen Sie sich für Ihren Hund einen leichten und unbeschwerten Übergang. Seien Sie für das Tier da, wenn es stirbt. Lassen Sie Ihre Egobedürfnisse los, haben Sie nur das Beste für Ihr Tier im Sinn. Sie dürfen jetzt natürlich Trauer und Schmerz zum Ausdruck bringen, aber machen Sie sich klar, dass es jetzt nicht primär um Sie geht, sondern um Ihren Hund.

Im nächsten Schritt des Sterbeprozesses wird nach buddhistischem Verständnis Feuer zu Wind. Das Bewusstsein sowie die Lebensenergie, die in jeder Zelle des Hundes enthalten sind, beginnen sich zu sammeln und den Körper zu verlassen. Mit einem letzten Atem wird dieses Bewusstsein vom Körper befreit und kann aufsteigen. Dies ist der Moment des körperlichen Todes, auch klinischer Tod genannt. Die Organe werden stillgelegt. Dies ist auch der Moment, in dem Hundefreunde gerne weinen oder ihren Blick nach oben richten. Sie erkennen den Aufstieg der Seele und unterstützen sie auf ihrem Weg. Helfen auch Sie der Seele Ihres Hundes, sich vollkommen vom Körper zu trennen, indem Sie sich vorstellen, wie die Seele, also das Bewusstsein Ihres Hundes, sich außerhalb seines Körpers sammelt. Sehen Sie dann, wie sie von einer Lichtkugel umfasst wird und hinauf an den richtigen Ort gebracht wird. Halten Sie eine gewisse Zeit, am besten mehrere Minuten, an diesem Bild fest. Spüren Sie die Intimität und Tiefe, die dieser Übergang mit sich bringt. So traurig und schmerzhaft er sein kann, so kraftvoll und transformativ kann er auf Sie wirken. Menschen, die diesem Prozess beigewohnt haben, berichten oft auch von einem Gefühl von Befreiung, absoluter Liebe und Leichtigkeit.

Falls Sie tierische Freunde und Gefährten Ihres Hundes zum Abschiednehmen eingeladen haben, werden diese anderen Tiere noch kurz bleiben, doch sehr bald werden sie sich zurückziehen und ihrem üblichen Alltag nachgehen. Auch dies zeigt Ihnen ganz klar, dass der körperliche Tod nicht das Ende ist, sondern nur ein Übergang, den Tiere sehr gut akzeptieren können, da er natürlich ist.

Bleiben Sie so lange beim Körper Ihres Hundes, bis Sie ein Gefühl von angenehmer Leere empfinden. Sie werden spüren, dass seine Seele bereits weitergezogen ist und in Frieden geht. Nun ist auch für Sie der Zeitpunkt gekommen, aufzustehen und sich zu entscheiden weiterzugehen.

Ihr Hund ist nun gegangen. Oder doch nicht? Es kommt auf die Perspektive und die Ebene an. Sein Körper ist nicht mehr existent. Ihr Hund ist nicht mehr auf der Erde. Und trotzdem können so viele Hinterbliebene auch Tage, Monate und Jahre nach dem Tod die Präsenz Ihres Hundes spüren. Sie scheinen mit dem Tier weiterhin so stark verbunden zu sein, als ob es gar nicht gegangen wäre. Besser gesagt, als ob ein Teil von ihm immer da wäre. In den ersten Tagen nach dem Tod ist es schwierig, diese Verbundenheit zu spüren, da sie wegen der intensiven Erinnerungen noch zu schmerzhaft sein kann. Doch mit der Zeit werden Sie die Verbindung immer stärker und angenehmer empfinden können.

Verarbeiten Sie Ihre Trauer

Jeder Tod hinterlässt eine Spur von Trauer. Um mit dem Verlust eines Tiers abschließen zu können, muss diese Trauer verarbeitet werden. Mancher Tod ist auch deswegen über viele Jahre zu schmerzhaft, weil Verlustängste, Trauer und Schuldgefühle keinen heilenden Raum gefunden haben. Wir möchten Ihnen eine Anleitung bieten, mit deren Hilfe Sie sich von schmerzhaften Emotionen, die mit dem Tod aufkommen, befreien können.

Nehmen Sie ein Foto Ihres verstorbenen Tiers zur Hand. Setzen Sie sich gemütlich hin und zentrieren Sie sich. Atmen Sie mehrmals ein und aus und fühlen Sie sich von der Erde getragen und versorgt.

Schauen Sie das Foto in Ruhe an, ganz bewusst, und atmen Sie dabei tief ein und aus. Achten Sie besonders auf jene Gefühle, die da sind und stärker hochkommen wollen. Geben Sie diesen Gefühlen einen heilenden Raum, in dem sie zum Ausdruck kommen dürfen. Atmen Sie weiterhin ganz bewusst. Verlieren Sie sich nicht in Ihren Gefühlen und unterdrücken Sie sie auch nicht, sondern beobachten Sie diese Gefühle ganz bewusst. Ein Gefühl zeigt sich durch körperliche Reaktionen wie Weinen, Schreien, Stöhnen, Jauchzen oder auch Lachen, Regungslosigkeit oder Enge/Schmerz im Körper. Geben Sie Ihren Gefühlen eine Chance, sich über Ihren Körper zu zeigen. So können sie an die Oberfläche kommen, gesehen und gefühlt werden und sich anschließend verabschieden.

Achten Sie darauf, wo Sie die jeweilige Emotion in Ihrem Körper spüren. Befindet sie sich im Brust- oder Bauchbereich, im Kopf oder ganz woanders? Benennen Sie das Gefühl und lokalisieren Sie es. Dies ist der Weg, sich eines Gefühls bewusst zu werden, um es anschließend zu transformieren.

Bleiben Sie mit Ihrem ganzen Bewusstsein und Ihrer ganzen Aufmerksamkeit beim Gefühl und dessen Ausdruck, bis Sie eine Erleichterung oder vollständige Transformation des Gefühls verspüren. Dies ist das Zeichen, dass das Gefühl nun gehen kann.

Sobald sich ein Gefühl gelöst hat, spüren Sie nach, ob ein nächstes Gefühl aufkommen und gesehen werden will. Wenn ja, wiederholen Sie die Übung mit dem neuen Gefühl. Stellen Sie sich abschließend vor, wie alle restlichen Emotionen, die Sie belasten, in die Erde abfließen wie in einen Abflusskanal. Gleichzeitig visualisieren Sie sich vom Himmel her eine leuchtende Regendusche an Farben und Glitzer, die Sie reinigen und ins Gleichgewicht bringen.

Sobald alle bedrückenden Gefühle aufgelöst sind, sind Sie bereit, Kontakt zum Bewusstsein des verstorbenen Tiers aufzunehmen. Die Seele des Tiers bleibt weiterhin für Sie ansprechbar und zugänglich, obwohl sein Körper die Erde verlassen hat. Sie können sich dabei die Hilfe eines Tierkommunikators holen, um offene Fragen zu klären. Die meisten Hinterbliebenen wollen wissen, ob sie alles richtig gemacht haben und warum das Tier gerade jetzt gehen musste. Sie wollen in Erfahrung bringen, ob das verstorbene Tier letzte Botschaften für sie hatte. Viele Menschen plagen sich mit Schuldgefühlen herum und benötigen Trost und Begleitung. Die Seele des verstorbenen Tiers zu befragen ist in unseren Augen die beste Möglichkeit, hier Heilung zu finden.

Möchten Sie alleine Kontakt zum Bewusstsein Ihres verstorbenen Tiers aufnehmen, so kann Ihnen folgende Anleitung behilflich sein:

Bereiten Sie sich vor. Entwickeln Sie dazu eine positive Grundeinstellung, nehmen Sie ein Foto von Ihrem Hund und machen Sie sich ein Bild von dem, was Sie in der Kommunikation mit Ihrem Tier herausfinden wollen. Nehmen Sie sich für die ganze Sitzung rund 30 Minuten Zeit, sorgen Sie dafür, dass Sie genug Wasser und Taschentücher griffbereit haben.

Entspannen Sie sich und zünden Sie eine Kerze an. Sorgen Sie mit ätherischen Ölen oder Räucherstäbchen für einen angenehmen Raumduft. Zentrieren Sie sich und atmen Sie tief ein und aus. Fokussieren Sie sich nur auf den Moment und den Augenblick. Nehmen Sie sich rund fünf Minuten Zeit, um sich bewusst zu entspannen und die Gedanken des Tages ziehen zu lassen.

Nehmen Sie sich zuerst selbst genauer wahr. Achten Sie darauf, was Sie gerade denken und wie Sie sich fühlen. Werden Sie sich dessen bewusster.

Machen Sie sich dabei klar, dass Sie mit der Erde stets verbunden sind. Sie werden von ihr getragen und bestehen aus den Naturelementen. Stellen Sie sich vor, wie Sie Wurzeln in die Erde schlagen, um sich zu zentrieren und zu stabilisieren.

Machen Sie sich gleichzeitig klar, dass Sie und die Erde Teil des Universums sind und von den Energien und Kräften der Planeten und Sterne umgeben sind. Konzentrieren Sie sich dabei auf einen Punkt zwischen Ihren Augenbrauen.

Schauen Sie nun das Foto Ihres Hundes an und rufen Sie sein Bewusstsein zu Ihnen. Spüren Sie dabei eine Veränderung? Vielleicht wird Ihnen wärmer, oder Sie bekommen eine andere Reaktion? Spüren Sie auch, ob das Bewusstsein Ihres Hundes es für richtig hält, jetzt mit Ihnen Kontakt aufzunehmen. Der richtige Zeitpunkt ist stets entscheidend für eine gelungene Kommunikation.

Sie sind nun mit der Seele, also dem Bewusstsein Ihres Hundes in Kontakt und können jetzt Fragen stellen oder ein Gespräch beginnen. Gehen Sie langsam, zentriert und strukturiert vor.

Die Antworten können dabei in Form von Bildern, Gefühlen, Gedanken, Eingebungen, Inspirationen oder Symbolen kommen. Notieren Sie sich diese, wenn Sie das Bedürfnis danach haben.

Führen Sie diese Form der Kommunikation nicht länger als 20 Minuten durch, weil sie für den Geist anstrengend sein kann – vor allem zu Beginn des Experiments. Bedanken Sie sich dann rechtzeitig beim Bewusstsein Ihres Tiers für die Bereitschaft, mit Ihnen auf dieser Ebene zu kommunizieren. Lassen Sie das Gespräch einige Minuten nachwirken.

Beenden Sie jeden Kontakt in Liebe und Dankbarkeit und gehen Sie dann wieder Ihrem gewohnten Alltag nach. Nehmen Sie die neuen Einsichten mit und integrieren Sie sie in Ihr Leben.

3

Was Sie täglich von Ihrem Hund lernen können -

der Hund als Coach und Guru

Hunde leben im Hier und Jetzt

Leben im Hier und Jetzt – darunter versteht man die Fähigkeit, im Augenblick zu verweilen und ihn bewusst zu erleben. Sie sind mit Ihrer Aufmerksamkeit im Moment, spüren, sehen, fühlen, riechen und erfahren also, was gerade jetzt in Ihnen vorgeht und um Sie herum geschieht. Sie nehmen dadurch nicht nur Ihre Umwelt intensiver wahr, sondern auch Ihr Innenleben. Das bedeutet, dass Sie sich voll und ganz dessen bewusst sind, welche Gedanken gerade in Ihrem Kopf kreisen und welche Gefühle zum Ausdruck kommen wollen. Sie spüren sich selbst, die Menschen um Sie herum, Ihren Atem, die Geräusche und die Bäume, die Straßen, die Autos – und Ihren Hund. Alles.

Wenn Sie im Hier und Jetzt sind, also bewusst im Augenblick verweilen und diesen intensiver wahrnehmen können, dann fällt etwas weg in Ihrem Leben: ständiger Gedankenlärm, unnötiges Sorgen und unreflektiertes Handeln. Dafür sind Sie mehr mit dem verbunden, was jetzt in Ihnen und vor Ihnen vor sich geht. Sie handeln nicht mehr aus alten Mustern heraus, sondern antworten angemessen, nämlich gegenwartsbezogen. Sie leben nicht unbedingt für den Moment, aber im Moment. Das bedeutet nicht, dass Sie verantwortungslos in den Tag hineinleben, sondern verantwortungsvoll und bewusst in jedem Augenblick sind. Sie atmen bewusst, essen bewusst, sehen bewusst, sprechen bewusst, fühlen bewusst, denken bewusst, entscheiden bewusst, bewegen sich bewusst und leben bewusst. Ihr Leben gewinnt dadurch an Lebensqualität, weil Sie es intensiver und stärker erfahren. Sie haben weniger das Gefühl, dass Ihnen die Zeit davonläuft oder der Tag allzu schnell vergangen ist. Im Gegenteil: Ihr Tag fühlt sich eher an, als gäbe es unzählige reiche, volle und erfüllende Momente. Das liegt daran, dass Sie diese Momente eben intensiver erleben. Sie gehen am Abend zu Bett mit erfüllenden Gedanken. Denn der Tag war reich – reich an Erfahrungen, reich an Begegnungen, reich an Emotionen und Bewusstheit. Es war kein verlorener Tag, sondern Sie verlassen den Tag mit einem Gefühl der Erfüllung.

Auch die Beziehung zu Ihrem Hund können Sie grundlegend verändern, indem Sie mehr im Augenblick verweilen. Sie wollen den Tag mit Ihrem Hund erfüllender und tiefer gestalten. Sie beeinflussen mit diesem Geisteszustand ganz deutlich das Verhalten Ihres Hundes. Wenn Sie klarer denken, bewusster und präsenter sind, mehr sich selbst und die Umgebung im Griff haben, im Allgemeinen glücklicher und zufriedener sind, dann wird Ihr Hund es ebenfalls sein.

Vielleicht fragen Sie sich, warum dieser natürliche Geisteszustand des Hier und Jetzt manchmal so schwer erreichbar scheint. Es gibt viele Ursachen, die Sie vom Augenblick und der Gegenwart fernhalten. Gerne möchten wir Ihnen einige davon hier auflisten:

* grüblerisches und zwanghaftes Denken sowie Analysieren, das zur Gewohnheit geworden ist,
* negative Denk- und Gefühlsmuster, die sich in Ihren Geist eingeprägt haben,
* unruhige Energie und Räume um Sie herum, in denen Sie sich bewegen,
* Dauerbeschäftigung und ständige Ablenkungen, denen Sie sich unterziehen,
* Mangel an Selbstreflexion und Bewusstheit im Alltag,
* monotones Leben ohne Höhe- und Tiefpunkte.

Um mehr im Hier und Jetzt zu sein und den Augenblick zu genießen, müssen Sie lernen, präsenter zu sein, bewusster zu denken und Gedanken zu selektieren sowie negative Denkmuster zu transformieren. Daneben sollten Sie kraftvolle Orte aufsuchen, Ihre Fokussiertheit und Aufmerksamkeit trainieren, sich mehr selbst reflektieren und weitaus mehr Lebendigkeit in Ihrem Leben zulassen.

Sie dürfen gerne raten, wer Sie dabei bestens begleiten und unterstützen kann. Genau, Ihr Hund! Vierbeiner beherrschen die Kunst, im Augenblick zu sein und das Leben voll und ganz anzunehmen. Hunde, die nicht vom Menschen abgestumpft wurden, leben ganz natürlich in Harmonie mit sich selbst und ihrer Umwelt. Sie sind verspielt und suchen das Abenteuer. Hunde wissen auch, wenn eine Pause angebracht ist und wann sie ihrer Energie freien Lauf lassen sollen. Ein Hundeleben empfinden wir einfach als schön. Warum? Weil Hunde im Hier und Jetzt leben und wir uns danach sehnen.

Hunde machen Sie darauf aufmerksam, wenn Sie all das nicht sind oder tun, wenn Sie also nicht im Hier und Jetzt sind. In diesem Fall kann es vorkommen, dass Ihr Hund nicht folgt, wenn Sie ihm ein »Sitz« geben, weil Sie dabei vielleicht daran denken, dass Sie Ihre Spülmaschine noch ausräumen müssen. Es kann auch vorkommen, dass Ihr Hund gestresst ist, weil Sie es auch sind, und scheinbar aus dem Nichts Verhaltensprobleme und Krankheiten entwickelt. Sie haben dann einen Hund vor sich, der aus der Balance geraten ist. Er wirkt unruhig, unausgeglichen, abgelenkt, schwierig oder vielleicht auch träge. Und das höchstwahrscheinlich deswegen, weil Sie es auch sind. Sie sind nicht im Augenblick und Ihr Hund noch weniger. Er zeigt Ihnen mit seinem Verhalten, dass es an der Zeit ist, dass Sie das Ihre ändern.

Spaziergang im Hier und Jetzt

Ihr Hund ist ein Anker für das Hier und Jetzt. Lernen Sie von ihm, ganz im gegenwärtigen Augenblick zu sein. Sehen Sie sich Ihren Hund an und verbinden Sie sich mit dem Augenblick. Vertiefen Sie sich ganz ins Spiel mit Ihrem Hund, gehen Sie mit ihm ganz bewusst spazieren, machen Sie mit Ihrem Vierbeiner eine schöne Pause. Genießen Sie jeden Moment mit ihm und seien Sie dankbar für jede gemeinsam verbrachte Minute. So öffnen Sie für sich das Tor für die Faszination und die Magie, die im Augenblick liegen.

Die schönste Freizeitbeschäftigung eines Hundeliebhabers sind wohl die langen Spaziergänge mit dem Vierbeiner. Lernen Sie mithilfe der folgenden Übung, dabei mehr im Hier und Jetzt zu sein.

Spazieren gehen im Hier und Jetzt

- Atmen Sie mehrmals tief ein und aus. Bevor Sie aus der Haustüre treten, nehmen Sie sich Folgendes vor: »Ich bin im Moment, im Augenblick, im Hier und Jetzt, und das immer und überall im Spaziergang mit meinem Hund. Ich nehme mir vor, alles bewusst zu sehen, wahrzunehmen, zu hören und spüren, so, wie es mein Hund auch macht.«

- Verlassen Sie erst dann mit Ihrem Hund das Haus und achten Sie bei den ersten Schritten darauf, ob Ihnen diese neue Einstellung gelingt. Sobald Sie bemerken, dass Sie sich wieder in Gedanken oder Sorgen über die Zukunft oder Vergangenheit verlieren, lächeln Sie innerlich und richten Ihre Aufmerksamkeit auf die Gegenwart.

- Blicken Sie beim Spazieren immer wieder auf Ihren Hund und machen Sie sich klar, dass er ein Meditationslehrer für Sie ist und Sie von ihm lernen können, mehr im Augenblick verankert zu sein.

- Machen Sie sich dabei bewusst, dass Sie atmen. Sie atmen ein und aus. Am besten ist, Sie sind sich eines jeden Ihrer Atemzüge bewusst.

- Gehen Sie in dieser Geisteshaltung weiter spazieren. Bemerken Sie einen Unterschied im Sein und in der Wahrnehmung? Alles wirkt intensiver, klarer, tiefer, verbundener, aber auch größer. Weil die Momente nicht einfach so an Ihnen vorbeiziehen, können Sie sie länger im Bewusstsein halten.

- Kommen Gedanken in Ihnen hoch, die zwar nichts mit Ihrem Spaziergang mit Ihrem Hund zu tun haben, aber dennoch wichtig sind, dann sagen Sie sich: »Ich werde mich später darum kümmern.« Wenn Sie möchten, dürfen Sie sich diese Gedanken kurz notieren.

- Machen Sie das Beste aus jedem Moment. Wenn Sie beispielsweise den Maulkorb vergessen haben und deswegen mit Ihrem Hund nicht in die Straßenbahn einsteigen können, dann nehmen Sie dies als Zeichen, heute mehr zu Fuß zu gehen und einen neuen Weg auszuprobieren. Beginnen Sie genau dort, intensiver zu leben und zu genießen, wo Sie sich gerade mit Ihrem Hund befinden.

- Achten Sie immer wieder auf Natureindrücke und Tierlaute wie das Zwitschern der Vögel, das Rauschen des Windes, das Plätschern des Wassers, die Wärme des Sonnenlichts usw., die Sie noch mehr in den Augenblick bringen.

- Das bewusste Spazierengehen im Hier und Jetzt muss erst eingeübt werden. Setzen Sie sich nicht unter Leistungsdruck und erwarten Sie nicht von sich, dass Sie alles sofort beherrschen müssen. Das Leben im Hier und Jetzt ist frei von Anstrengung und Widerstand. Sie nehmen die Dinge so an, wie Sie gerade sind, und sind dabei mit dem Augenblick und dem Sein verbunden.

Ihr Hund lebt im Hier und Jetzt, und sein Wunsch ist es, dass auch Sie mehr lernen, den Augenblick zu genießen. Sie dürfen die Leichtigkeit des Seins entdecken und wieder mehr zu sich selbst finden.

Hunde lieben bedingungslos

Die menschliche Liebe ist vielfach an Bedingungen geknüpft: »Ich gebe dir Liebe, wenn du mir auch etwas gibst.« – »Ich liebe dich nur dann, wenn ich etwas dafür bekomme.« Die menschliche Liebe erwartet eine Gegenleistung: Wenn wir Kinder nur lieben, weil sie brav sind, dann ist ihr gutes Benehmen die Gegenleistung für unsere Liebe. Wenn wir unseren Partner lieben für sein Aussehen, sein Geld, seine Zuwendung oder Sex, dann ist unsere Liebe an diese Gegenleistungen geknüpft. Das ist völlig menschlich. Der Mensch gibt Liebe, um Liebe oder etwas anderes zurückzubekommen. Ein Austausch findet statt, der die Energien zwischen den beiden Menschen ausgleicht.

Bedingungslose Liebe stellt dagegen keine Erwartungen an den anderen. Diese Art der Liebe schenkt Aufmerksamkeit, Fürsorge, Empathie, Intimität oder Zärtlichkeit, ohne etwas dafür zu erwarten. Diese Form der Liebe setzt einen anderen Bewusstseinsgrad voraus. Wer bedingungslos liebt, hat sich vom Prinzip der Liebe als Austausch unabhängig gemacht. Solche Menschen schöpfen ihre Liebesfähigkeit aus inneren Ressourcen oder sind mit spirituellen Energien verbunden, aus denen sie Kraft, Zufriedenheit und Erfüllung beziehen.

Manche Mütter sind fähig, bedingungslos zu lieben. Sie lieben ihr kleines Baby über alles, auch wenn sie zigmal in der Nacht durch dessen Geschrei geweckt werden. Sie lieben ihr Kind auch dann, wenn es unangenehm ist, quengelt und Forderungen stellt. Bedingungslos zu lieben bedeutet, einen Menschen so zu akzeptieren, wertzuschätzen und zu respektieren, wie er gerade ist, und die Liebe zu ihm nicht von seinem Verhalten oder Gemütszustand, seinen Reichtümern oder seiner Aufmerksamkeit abhängig zu machen. Bedingungslose Liebe ist natürlich nicht nur zu anderen Menschen möglich, sondern auch zu sich selbst. Bedingungslose Liebe zu sich selbst bedeutet, dass Sie sich lieben, ganz gleich, ob Sie heute gut aussehen, produktiv waren, befördert wurden oder einen schlechten Tag hatten. Sie akzeptieren sich so, wie Sie sind, und lieben sich mit all Ihren Stärken und Schwächen.

Auch Tiere sind zu bedingungsloser Liebe fähig. Schon im alten Ägypten und bei den meisten Naturvölkern steht der Hund für absolute Treue und bedingungslose Liebe. Ihr Hund liebt Sie, ganz gleich, wie Sie sind. Er liebt Sie, weil Sie so sind, wie Sie sind. Hunde sind fähig, erfolgreiche Menschen genauso zu lieben wie weniger erfolgreiche. Sie lieben schöne Menschen genauso wie hässliche. Nette wie grausame. Hunde lieben einfach. Das macht sie zu Meistern der bedingungslosen Liebe. Und wir können ihre Schüler sein.

Die Fähigkeit, einfach zu lieben, macht das Leben glücklicher und erfüllter. Sie nehmen sich das Recht heraus, Menschen und Tiere zu lieben, ganz gleich, ob eine Gegenleistung zurückkommt. Sie lieben, weil Sie lieben wollen, und nicht, weil Sie etwas zurückfordern.

Bedingungslos zu lieben bedeutet aber nicht, immer lieb zu anderen zu sein. Menschen, die einem schaden oder nicht guttun, darf und soll man Grenzen setzen. Dies geschieht aus der Liebe zu sich selbst heraus. Wer die Fähigkeit zur bedingungslosen Liebe in sich entwickelt, beginnt mit der Zeit, auch jene Menschen immer mehr zu lieben, die eher »schwierig« sind. Gerade diese Menschen sind es, die am meisten Liebe benötigen. Bedingungslos Liebende lieben auch jene, die nicht gut zu ihnen sind, weil sie mit ihrer Hilfe lernen können, noch mehr zu lieben.

Verpflichten Sie sich nun aber nicht unbedingt, von jetzt auf gleich bedingungslos lieben zu lernen. Bemühen Sie sich eher, die menschlichen Gesetze der Liebe zu verstehen. Ihr Hund wird Ihnen dabei gerne behilflich sind.

Lieben Sie mehr

Ein Hund liebt Sie beständig und ist Ihnen treu – auch dann, wenn Sie einmal nicht nett zu ihm waren. Machen Sie sich klar, dass Sie ab jetzt liebevoller mit sich selbst umgehen wollen und dies auch können. Stehen Sie zu Ihren Wünschen und Bedürfnissen und finden Sie Möglichkeiten, diese zu verwirklichen. Sprechen Sie liebevoll mit sich selbst und seien Sie gut zu sich. Gönnen Sie sich Dinge, mit denen Sie Ihre Liebe zu sich selbst zum Ausdruck bringen. Und beginnen Sie dann, dies auch mit anderen Menschen, Tieren und Pflanzen zu tun.

Ihr Hund hat die Fähigkeit, in allem Liebe zu finden. Hunde, die nicht von Menschen traumatisiert wurden, lieben sich selbst. Sie geben sich selbst Liebe und gönnen sich ausreichend Pausen, Spiel, Spaß und Spannung im Leben. Überlegen Sie, wie Sie mehr Lust, Leidenschaft und Liebe in Ihrem Leben kultivieren können. Beginnen Sie mit den kleinen Dingen des Lebens und »verlangen« Sie ruhig immer mehr. Sie sind hier, um Ihr volles Liebenspotenzial auszuschöpfen, und dürfen es auch als Ihr Recht ansehen, mehr Liebe zu empfinden.

Jedes Mal, wenn Sie Ihren Hund dabei beobachten, wie er voller Liebe und Freude ist, verbinden Sie sich ganz bewusst mit dieser Energie. Lieben Sie und freuen Sie sich mit ihm ganz bewusst und nehmen Sie sich vor, diese Emotion von Liebe und Glückseligkeit immer tiefer in Ihrem eigenen Körper zu spüren. Sie können lernen, eine größere Bandbreite an Gefühlen wahrzunehmen, aber auch in die Tiefe dieser Emotionen einzutauchen. Erlauben Sie daher auch Ihrem Hund, noch mehr Liebe und Freude zu zeigen, und lassen Sie ihn spüren, dass Sie das auch wollen.

Da Ihr Hund Sie mit all Ihren Stärken und Schwächen liebt, können Sie von ihm lernen, sich selbst so zu lieben, wie Sie eben sind. Betrachten Sie sich selbst, Ihre Umgebung und die Menschen um Sie herum mit mehr Liebe. Wenn Sie mehr Liebe ausstrahlen, dann verändert sich auch Ihr Umfeld. Sie werden plötzlich von Menschen und Situationen angezogen werden, die Ihnen diese Liebe widerspiegeln. Liebe zieht Liebe an, und Sie beginnen dann den Tag voller Liebe und gehen mit viel Liebe ins Bett. Liebe macht Sinn, daher fühlt sich ein liebevoll gelebtes Leben auch sinnvoll an. Mit mehr Liebe haben Sie auch mehr Energie, mehr Kraft, mehr Vitalität, mehr Kreativität, mehr Inspiration. Sie gehen mit diesem Liebesbewusstsein durch den Tag und sehen die Dinge ganz anders, entscheiden aus einer neuen Perspektive heraus und erledigen Ihre Aufgaben aus einer anderen Qualität heraus, nämlich mit mehr Liebe. Sie sind plötzlich verliebt – nicht unbedingt in einen anderen Menschen, dafür aber in sich selbst und Ihr Leben. Sie lieben das Leben, und das Leben liebt Sie.

Mehr bedingungslose Liebe ins Leben bringen

- Setzen Sie sich in einer ruhigen Minute hin und beobachten Sie Ihren Hund. Wählen Sie am besten eine Situation, in der er etwas mit vollem Herzen tut, wie spielen, laufen, herumtoben, kuscheln oder sich nach einem spannenden Spaziergang ausruhen.
- Atmen Sie mehrmals tief ein und aus und richten Sie Ihre Aufmerksamkeit auf Ihren Brustbereich, den Sitz Ihres Herzens. Dort befindet sich Ihr organisches Herz wie auch Ihr energetisches, das Liebe empfängt, fühlt und aussendet.
- Atmen Sie mehrmals tief ein und aus und stellen Sie sich vor, dort in Ihrem Herzen würde ein kleines Licht brennen.
- Stellen Sie sich nun liebevoll vor, wie dieses Licht mit jedem Atemzug immer größer wird. Beobachten Sie weiterhin Ihren Hund.
- Stellen Sie sich vor, wie dieses Licht in Ihrem Herzen immer heller und größer wird und wie es sich in Ihrem Brustbereich ausbreitet. Lassen Sie das Licht so groß werden, wie es selbst möchte.

Beeinflussen Sie weniger den Prozess, als dass Sie sich ihm hingeben.

- Sie können sich auch gerne vorstellen, wie dieses Licht sich in Ihrem ganzen Körper ausbreitet und auch um Sie herum ist.
- Beobachten Sie weiterhin Ihren Hund und atmen Sie tief ein und aus.
- Nehmen Sie sich vor, gemeinsam mit Ihrem Hund mehr Liebe zu spüren. Bitten Sie Ihren Hund in Gedanken, Sie dabei zu unterstützen.
- Sagen Sie sich »Ich nehme jetzt die Liebe meines Hundes bewusst wahr«, und spüren Sie dabei, wie sich in Ihrem gesamten Körper ein Kribbeln einstellt, oft gefolgt von einer angenehmen Wärme. So fühlt sich bedingungslose Liebe an.
- Machen Sie sich hierbei keinen Druck. Spüren Sie Liebe, wenn sie in Ihnen aufsteigt, aber erzwingen Sie nichts. Liebe ist ein Prozess des Seins. Sie wollen nicht von Liebe überwältigt werden, sondern vertrauen darauf, dass Sie sie genau in dem Maße empfinden, wie es jetzt für Sie stimmig ist.
- Danken Sie Ihrem Hund für alles, was er für Sie tut. Sie dürfen ihn auch umarmen, wenn er sich dadurch nicht gestört fühlt.
- Beenden Sie die Übung, indem Sie mit dieser neu entdeckten Liebe in den Tag gehen.

Hunde haben einen sechsten Sinn

In vielen Ländern wirken Straßenhunde relativ entspannt. Wenn sie vom Menschen in Ruhe gelassen werden und genügend Futter finden, treiben sie sich am Strand herum oder streunen durch die Gegend. Sie sind zwar besitzerlos, scheinen aber glücklich zu sein. Und das, obwohl diese Hunde nicht wissen, wo sie die nächste Nacht schlafen werden oder ob es auch am nächsten Tag wieder genug zum Essen geben wird. Das Leben in Unsicherheit scheint ihnen nichts auszumachen. Sie sind trotzdem glücklich, entspannt und genießen es.

Wie schaffen es diese Hunde, sich nicht in Sorgen zu verstricken? Sie sind stark mit ihrem sechsten Sinn verbunden! Sie sind voller Urvertrauen, dass es auch morgen genug zum Essen geben wird und sie in der Nacht einen schönen Schlafplatz finden werden. Meist haben diese Hunde auch viele Freunde, mit denen sie gerne zusammen sind. Gemeinsam ziehen sie durch die Gegend und scheinen reichlich Spaß am Leben in Freiheit zu haben. Ihre Nase und ihr sechster Sinn führen die Hunde im richtigen Moment zum richtigen Futter und nähren sie nicht nur mit Nahrung, sondern auch mit Vertrauen, Zuversicht und Mut. Sie haben den Mut, das Leben ohne menschliche Führung zu bestreiten, und das, obwohl sie in der Menschenwelt leben. Diese Hunde haben sich ihre eigene Welt geschaffen, und zwar so, wie es ihnen gefällt. Das erklärt auch, warum sie entspannt an einer Straßenecke liegen oder sogar an öffentlichen Plätzen ein Mittagsschläfchen halten können. Sie tragen etwas in sich, das ihnen Geborgenheit, Ruhe und Kraft schenkt. Ohne zu wissen, wie es mit ihrem Leben weitergehen wird, sind diese Hunde wahre Helden. Denn sie verlassen sich auf ihre Intuition und lassen sich gleichzeitig von einer höheren Macht führen. Selbstverständlich werden Sie auch Straßenhunde sehen, die erkennbar leiden. Doch wir wollten hier auf jene eingehen, die voller Mut und Vertrauen glücklich auf der Straße leben können.

Hunde sind geprägt von ihrer Rasse, aber auch wahre Individuen. Jeder Hund hat seine eigenen Wünsche und Bedürfnisse, seinen eigenen Charakter und auch eine ganz eigene Vorstellung, wie er sein Leben führen möchte. Es gibt sicherlich Border Collies, die kein Interesse daran haben zu hüten, Magyar Vizslas, die wahre Couch-Potatoes sind, und Labradore, die das Wasser meiden. Diese Hunde, die sich frei von den Prägungen ihrer Rasse gemacht haben, hören verstärkt auf ihre eigene Intuition und ihre innere Führung. Sie wissen genau, was gut für sie ist und wovon sie lieber die Pfoten lassen sollten. Sie lassen sich nicht von ihrer eigenen Rasse und deren Prägungen unbewusst kontrollieren. Sie gehen ihren eigenen Weg.

Sie können daher von Hunden lernen, dem Leben mehr Vertrauen zu schenken und sich führen zu lassen. Auch wenn Sie vielleicht nicht immer wissen, was morgen geschehen wird, können Sie Kraft und Zuversicht entwickeln, mit denen Sie in den Tag starten. Hunde verlassen sich auf ihr Bauchgefühl. Sie meiden böse Menschen und spüren sehr stark, wenn die Umgebung mit schlechten Energien besetzt ist. Auch Sie können von Hunden lernen, mehr auf Ihre eigenen intuitiven Eingebungen zu achten und Ihr Bauchgefühl öfter um Rat zu fragen.

Sind die Hunde nicht auf sich gestellt und können nicht frei den Tag gestalten, mit anderen Worten: leben sie eng mit Menschen zusammen, dann brauchen sie viel Sicherheit, Ruhe, Gelassenheit, Entscheidungsstärke, Mitgefühl und Klarheit vom Menschen. Ein guter Rudelführer strahlt all das aus. Wenn Sie hingegen unsicher, unruhig, verängstigt, willensschwach oder gefühllos sind, dann wird Ihr Hund damit nicht zurechtkommen. Einerseits, weil er Sie nicht verstehen will, und andererseits, weil er sich schwertut, Sie so zu sehen. Hunde wünschen sich intuitive Herrchen und Frauchen, die nicht ohnmächtig durchs Leben gehen, sondern im Einklang mit sich selbst leben und wissen, was Sache ist. Ihr Hund wird wahrscheinlich erst dann Ruhe geben, wenn Sie mehr Ruhe und Gelassenheit kultiviert haben. Er wird Ihnen erst dann keine bösen Streiche mehr spielen wollen, wenn Sie ihm klar seine Grenzen aufzeigen, ohne dabei das Gefühl von Liebe und Empathie zu verlieren.

Da Hunde empathische und intuitive Wesen sind, sollten sie auch empathisch und intuitiv erzogen werden. Statt sie mit pauschalen Erziehungsregeln kontrollieren zu wollen, punkten Sie lieber mit Führung, die auf die Bedürfnisse von Körper, Geist und Seele Ihres Hundes eingeht. Sie sollten mehr auf Ihr Herz hören, Ihrer inneren Stimme lauschen, mehr Ruhe im Kopf bewahren und sich für Impulse und Eingebungen öffnen, um erst dann Entscheidungen zu treffen.

Ihr Hund sollte sich nicht vor ihnen fürchten müssen. Seien Sie stattdessen ein Vorbild. Er soll nicht aus Angst und Unterwerfung von Ihnen wegschauen, sondern zu Ihnen aufschauen, weil Sie sein Idol sind. Hunde wünschen sich einen Besitzer, der sich selbst verwirklicht. Einen Menschen, der voller Liebe und Kraft ist und das Leben selbstbestimmt lebt. Das finden Hunde faszinierend, davon fühlen sie sich angezogen, und dafür sind sie auch bereit zu gehorchen. Erinnern Sie sich: Genau das ist es, was der Hund vom Menschen lernen will: seine eigene Individualität zu finden und sich selbst zu verwirklichen.

Entwickeln Sie Ihren sechsten Sinn

- Atmen Sie mehrmals tief ein und aus und denken Sie folgenden Satz: »Ich bin bereit, Herz, Bauchgefühl und Verstand zu vereinen.«
- Atmen Sie ein weiteres Mal tief ein und aus und sprechen Sie diesen Gedanken aus: »Ich öffne mich für meine übersinnlichen Fähigkeiten, jetzt.«
- Atmen Sie mehrmals tiefer ein und aus und lassen Sie nun Farben, Bilder, Gedanken, Eingebungen und Gefühle zu Ihnen fließen.
- Stellen Sie sich nun eine Frage, auf die Sie bislang keine Antwort wussten (beispielsweise auf Ihren Hund bezogen). Atmen Sie mehrmals tief ein und aus und achten Sie darauf, welche Antwort dabei aus Ihrem Inneren aufsteigt.

- Die Antwort kann in Form von inneren Bildern zu Ihnen kommen, in Form von Eingebungen, Déjà-vus, Vorahnungen, Körpergefühlen, als Wärme- oder Kältegefühl, aber auch in Form von klaren Wörtern oder sogar Sätzen.
- Vertrauen Sie stets auf das, was aus Ihrem Inneren aufsteigt. Es kann nie falsch sein, auch wenn Sie seine Richtigkeit nicht überprüfen können.
- Seien Sie bei dieser Übung mit Ihrem Inneren verbunden. Das geht am besten, wenn Herz, Bauchgefühl und Verstand vereint sind. Rufen Sie »höhere Energien« zu sich, wenn Sie an diese glauben.
- Beenden Sie diese Übung mit einem aufrichtigen »Danke«.

Sind Sie ein Rudelführer mit Ausstrahlung?

Ein Rudelführer mit Ausstrahlung ist empathisch, entscheidungsstark, klar, ruhig und sicher im Umgang mit seinem Hund. Das sind die Qualitäten, die einen guten Rudelführer auszeichnen. Hunde sehnen sich nach einem Rudelführer, weil sie Rudeltiere sind und ihr natürlicher Lebensraum sich in einer Rudelgemeinschaft befindet. Und jedes Rudel hat eben einen Anführer. Abgesehen davon benötigen Hunde, die sich in der Menschwelt bewegen, Klarheit. Schließlich kann sich Ihr Hund nicht um den Straßenverkehr kümmern, das Futter im Supermarkt besorgen oder das Straßenbahnticket einlösen. Das bedeutet, dass sich Ihr Hund darauf verlassen muss, dass Sie all das für ihn erledigen. Wenn Sie dabei aber gestresst, genervt, verunsichert oder entscheidungsschwach wirken, dann glaubt Ihr Hund, dass irgendwo eine Gefahr lauert, etwas nicht stimmt oder die Situation ausweglos ist. Er wird dadurch selbst unsicher oder, umgekehrt, er wird beginnen, Sie ständig zu verteidigen – auch in Situationen, in denen dies nicht notwendig ist.

Ersparen Sie Ihrem Hund diesen Stress und nehmen Sie sich dafür vor, die fünf Qualitäten eines feinfühligen Rudelführers mit Ausstrahlung zu kultivieren: Empathie, Entscheidungsstärke, Klarheit, Ruhe und Sicherheit. Beginnen Sie mit einer Prozentskala, damit Sie mehr Klarheit darüber entwickeln, wo Sie derzeit stehen und wo Sie Ihr Potenzial noch ausbauen können.

Gehen Sie in sich und fragen Sie sich: Zu wie viel Prozent zeigen Sie als Rudelführer

- Empathie? _____Prozent
- Entscheidungsstärke? _____Prozent
- Klarheit? _____Prozent
- Ruhe? _____Prozent
- Sicherheit? _____Prozent

Seien Sie dabei ehrlich zu sich selbst und notieren Sie ganz spontan eine Zahl. Wenn Sie in einem Bereich über 80 Prozent liegen, dann gratulieren Sie sich dafür und achten Sie im Alltag darauf, wo Sie diese Qualitäten zeigen. Sollten Sie irgendwo unter 80 Prozent liegen, dann nehmen Sie sich vor, in Zukunft dort mehr an Kompetenz zu gewinnen.

Hier einige Impulse dazu:

- *Stärken Sie Ihre innere Empathie*: Fragen Sie sich immer wieder, wie es Ihrem Tier und wie es Ihnen selbst gerade geht. Lassen Sie Ihre Gefühle sprechen und hören Sie auf die Antworten, die aus Ihrem Inneren herauskommen.

- *Stärken Sie Ihren inneren Entscheidungswillen*: Treffen Sie zunächst kleine Entscheidungen im Alltag mit Ihrem Hund. Bestimmen Sie beispielsweise, welchen Weg Sie mit Ihrem Hund heute gehen wollen. Treffen Sie zuerst bewusst eine Entscheidung im Kopf und führen Sie diese dann konsequent aus. Entscheiden Sie ganz bewusst, welches Leckerli Sie Ihrem Hund wann geben wollen oder wie Ihr Freizeitprogramm aussieht. Und machen Sie es dann auch genau so. Gehen Sie dann über zu anderen Lebensbereichen wie Beziehung, Liebe, Partnerschaft, Beruf. Treffen Sie auch dort immer bewusster Entscheidungen.
- *Stärken Sie Ihre innere Klarheit*: Bevor Sie Ihrem Tier eine Anweisung geben, stellen Sie sich zuerst vor, was Sie ganz konkret von ihm wollen. Finden und fühlen Sie nun das passende Gefühl dazu, zum Beispiel Ruhe, wenn der Hund sich hinsetzen soll, oder Freude und Begeisterung, wenn er zu Ihnen gelaufen kommen soll. Sprechen Sie dann erst klar aus, was Sie sich von Ihrem Hund wünschen, mit Körper und Stimme. Mit zunehmender Übung passiert das alles in nur wenigen Sekunden, und Ihr Hund reagiert genauso schnell darauf. Versuchen Sie, auch im Umgang mit anderen Menschen innerlich und äußerlich klar zu sein. Denken Sie klar, sprechen Sie klar, fühlen Sie klar und lauschen Sie klar.
- *Stärken Sie Ihre innere Ruhe*: Treffen Sie immer wieder eine Unterscheidung zwischen Sein und Tun. Tun bedeutet, dass Sie gerade einer Aktivität nachgehen wie Sport, Lesen, Fernsehen, Arbeit, aber auch Denken, Visualisieren, Tagträumen – all das wird dem Tun zugeordnet. Sein bedeutet, einmal keine Ziele zu haben und den Moment zu genießen. Sie lassen Ihre Gedanken vorbeiziehen und kommen so zur Ruhe. In dieser Ruhe sind Sie mit sich selbst verbunden. Sie *sind* einfach. Finden Sie hier eine Balance, indem Sie immer wieder nur im Sein sind, und beobachten Sie Ihren Hund dabei, wie er einfach nur *ist*.

- *Stärken Sie Ihre innere Sicherheit:* Sie können sich sicherer fühlen, wenn Sie das Gefühl haben, dass Sie sich selbst und Ihr Leben im Griff haben. Wenn Sie nichts überfordert oder stresst, dann werden Sie auch selbstbewusster im Alltag. Wichtig dabei ist, dass Sie mehr Vertrauen entwickeln: Vertrauen in sich selbst, Ihre Fähigkeiten, Vertrauen in das Leben selbst. Nehmen Sie sich dazu jetzt vor, mehr an sich selbst zu glauben, an Ihre Intuition, Ihr inneres Wissen, an höhere Kräfte und Mächte und an die bedingungslose Liebe. Lassen Sie sich mehr treiben, aber nicht irgendwohin, sondern nehmen Sie sich vor, sich dem natürlichen Fluss des Lebens hinzugeben. Dieser natürliche Fluss hat etwas Göttliches, Magisches, Inspirierendes, Dynamisches und Faszinierendes. Verbinden Sie sich wieder mit dieser Kraft des Vertrauens und des Glaubens, die Ihnen Selbstsicherheit schenken.

4

Selbst-Coaching für Hundebesitzer

Hunde sind kein Kinder- und Partnerersatz

Hunde können Ihnen so viel geben. Sie schenken Ihnen Liebe, Aufmerksamkeit, Trost, Halt und eine schöne gemeinsame Zeit. Hunde sind zu tiefen Gefühlen fähig und können bis an ihr Lebensende treu sein. Hunde verzeihen auch schnell und schauen weg, wenn Sie einmal etwas getan haben, was vielleicht nicht in Ordnung war. Sie kommen auch damit klar, dass Sie manchmal nicht gut drauf sind oder einen schlechten Tag haben. Sprich, viele Hunde können auch das, was Menschen können, manchmal sogar viel besser.

Es gibt aber etwas, was jeden Hund dieser Welt überfordert: Hunde können kein vollwertiger Ersatz für einen Partner oder für Kinder sein.

Menschliche Beziehungen sind oft an Erwartungen geknüpft. Von einem Kind erwarten sich Eltern, dass es später bestenfalls zu einem unabhängigen und eigenständigen Erwachsenen heranwächst. Kinder sollen Männer oder Frauen werden, die selbstständig Entscheidungen treffen und einem Beruf nachgehen. Sie wollen als Mutter oder Vater alles tun, damit Ihr Kind auf eigenen Beinen stehen kann. Wenn Sie aber aus irgendeinem Grund keine Kinder haben und sich einen Hund als Ersatz holen, dann projizieren Sie unbewusst diese Erwartungen auf das Tier. Unbewusst wünschen Sie sich also von diesem Hund, dass er später einmal groß und stark wird und sein Leben in die Hand nimmt. Nur: Dazu ist kein Hund fähig. Kein Hund ist dazu gemacht, eines Tages auszuziehen und einen Beruf zu ergreifen. Und kein Hund will das. Sie müssen daher einen Hund anders erziehen als ein Kind. Wenn Sie glauben, dass Ihr Hund ein Ersatz für Ihr Kind ist, dann werden Sie mit hoher Wahrscheinlichkeit enttäuscht werden.

Sie werden Ihren Hund zu sehr vermenschlichen und Erwartungen an ihn hegen, die er nicht erfüllen kann.

Ähnlich verhält es sich in Bezug auf einen Partner. Von einer Partnerschaft erwarten Sie sich wahrscheinlich Intimität, Gleichberechtigung und eine erfüllte Sexualität. Sie wünschen sich jemanden in Ihrem Leben, mit dem Sie körperliche Liebe und Sex haben können. Gleichzeitig wollen Sie als Partner einen Menschen, mit dem Sie sich intellektuell austauschen können. Bestenfalls jemanden, bei dem Sie sich gleichwertig fühlen. Ein Partner soll Sie vielleicht auch noch bei wichtigen Lebensentscheidungen unterstützen, Sie hin und wieder zum Flughafen fahren und Sie gelegentlich zu einem romantischen Dinner ausführen. All das kann ein Hund nicht und wird es auch nie können. Mit einem Hund können Sie nicht so intim sein wie mit einem Partner. Sie können sich nicht einfach mal in seine Arme fallen lassen. Auch kann es in der Rangordnung ein Problem geben, wenn Sie der Meinung sind, dass Sie Ihrem Hund keine Anweisungen geben oder Grenzen setzen dürften. Das stimmt in Bezug auf Ihren Partner, nicht aber in Bezug auf Ihren Hund. Ein Hund kann eben nicht Ihr Bedürfnis nach romantischer Liebe und intellektuellem Austausch ersetzen. Er kann nicht im selben Sinne wie ein Mensch Ihr Partner sein, weil er andere Bedürfnisse hat als ein Mensch. Natürlich kann Ihnen Ihr Hund ausreichend Aufmerksamkeit, Liebe und Trost schenken, aber auf eine andere Art und Weise als ein menschlicher Lebenspartner. Wenn Sie Ihren Hund als Stellvertreter für einen Partner oder Kind einsetzen, müssen Sie sich im Klaren sein, dass die Beziehung zu ihm Ihnen nicht all das geben kann, was Sie in der Beziehung mit einem menschlichen Partner oder Kind erleben können.

Wenn Sie sich dessen nicht bewusst sind, dann entwickeln Sie Erwartungen an Ihren Hund, die er nicht erfüllen kann. Das kann frustrierend sein. Sie sind frustriert, weil Sie einen Mangel spüren. Und Ihr

Hund ist frustriert, weil er spürt, dass er Ihnen nicht das geben kann, was Sie sich von ihm wünschen. Sie empfinden die Beziehung zu Ihrem Hund als nicht erfüllend, weil Ihnen etwas fehlt. Ihr Hund macht aber alles richtig, gibt sogar sein Bestes, aber es ist nicht gut genug. Ein Hund kann keine menschliche Beziehung vollständig ersetzen, sondern Ihnen nur Teile davon bieten. Er kann leider auch nicht die Wunden in Ihnen heilen, die Sie sich etwa durch eine Trennung oder Fehlgeburt zugezogen haben. Ein Hund kann nur eine Art Pflaster sein, oder er kann Sie darauf aufmerksam machen, welche Aspekte in Ihnen selbst Sie sich genau anschauen sollten, aber um die Wundheilung müssen Sie sich selbst kümmern. Auf alle Fälle sind Hunde aber in der Lage, intuitiv zu erfassen, dass Sie verletzt sind, und sie wollen alles ihnen Mögliche tun, um Sie darin zu unterstützen, Ihre Balance wiederzufinden.

Wenn Ihr Hund Ihnen als Ersatz für einen Partner oder ein Kind dienen soll, könnten folgende Gründe dahinterstecken:

- Sie sind von Menschen so sehr enttäuscht worden, dass Sie nur noch Tiere lieben können.
- Sie lieben sich selbst zu wenig und suchen ständig die Liebe im Außen.
- Sie fühlen sich einsam, weil Sie nicht gelernt haben, auch mit sich selbst allein und glücklich zu sein.
- Sie haben nicht gelernt, sich selbst das zu geben, was Sie von anderen erwarten.

Wenn der Hund Partner oder Kinder ersetzen soll

Sollten Sie das Gefühl haben, dass Ihr Hund Ihnen als Partner- oder Kinderersatz dient, können Sie wie folgt vorgehen:

Finden Sie das Bedürfnis, dessen Erfüllung Sie in einer Partnerschaft oder Elternschaft suchen.

Gestehen Sie sich dieses Bedürfnis ein. Was ist es, das Sie sich so sehr in Ihrem Leben wünschen?

Notieren Sie es: _____

Dabei handelt es sich um ein menschliches Bedürfnis. Und da Sie ein Mensch sind, dürfen Sie solche Bedürfnisse auch haben. Akzeptieren Sie also Ihren Wunsch.

Versuchen Sie zu verstehen, welche Gefühle und Eigenschaften sich hinter diesem Bedürfnis verbergen. Wonach genau sehnen Sie sich? Ist es Liebe, Aufmerksamkeit, Sicherheit, Fürsorge, Intimität, Verbundenheit, Zärtlichkeit oder ein Gefühl des Gebrauchtwerdens?

Sehen Sie dabei Ihren Hund an und sagen Sie Folgendes zu ihm: »Ich wünsche mir mehr _____

_____ (tragen Sie das Bedürfnis ein) in meinem Leben, aber ich will verstehen, inwieweit du als Hund – und nicht als Partner/Kind – es mir erfüllen kannst.

Spüren Sie die neu gewonnene Leichtigkeit. Auch die Traurigkeit, die eventuell hochkommt. Die Ent-täuschung. Sie haben sich selbst getäuscht, und diese Illusion wird nun aufgelöst. Machen Sie sich selbst klar, dass Ihr Hund ein Tier ist mit tierischen Bedürfnissen. Ein einzigartiges Lebewesen statt ein Ersatz für etwas anderes.

Bitten Sie Ihren Hund um Verzeihung, dass Sie ihn nicht in seiner wahren Rolle gesehen haben. Wenn Sie ehrlich sind, wird Ihr Hund Ihnen sofort verzeihen wollen. Umarmen Sie ihn und versprechen Sie ihm, dass Sie ab nun alles tun und lernen werden, um ihn als einzigartiges Lebewesen mit eigenen Bedürfnissen zu sehen.

Beenden Sie die Übung, indem Sie sich sagen: »Danke, dass ich dieses Bedürfnis nun erkannt habe. Ich kümmere mich ab jetzt um dieses Bedürfnis meiner selbst und bin offen für jede Heilung.«

Im nächsten Schritt können Sie sich um Ihre Wunden kümmern. Unser Rat: Geben Sie sich zuerst selbst, was Sie von anderen Menschen erwarten. Geben Sie sich selbst Liebe, statt sie von anderen einzufordern. Seien Sie zärtlich und liebevoll mit sich selbst, bevor Sie dies von anderen fordern. Geben Sie sich selbst all die Aufmerksamkeit, die Sie schon immer wollten. Sprich: Kümmern Sie sich um sich selbst, verstehen Sie Ihre wahren Bedürfnisse und lernen Sie, sich all das zu geben, was Sie bisher von anderen eingefordert haben.

Gut für sich selbst sorgen

Machen Sie sich dazu einen Plan oder schreiben Sie sich Punkte auf, die Ihnen bei Ihrer Umsetzung helfen. Was wollen Sie konkret alleine mit sich unternehmen, das Ihnen Spaß macht? Wie oft wollen Sie sich am Tag Liebe und Zärtlichkeit geben? Wie genau möchten Sie sich mit Aufmerksamkeit beschenken? Machen Sie sich Gedanken dazu, schreiben Sie auf, was Ihnen in den Sinn kommt, und setzen Sie es um, bis Sie das Gefühl haben, dass Sie emotional gut genährt und satt sind. Sie haben sich selbst dann genug Selbstliebe, Intimität und Aufmerksamkeit geschenkt. Finden Sie erst dann einen Menschen, mit dem Sie all das teilen wollen.

Wann Vermenschlichung schlecht ist

Hunde sind der beste Freund des Menschen. Mit Herrchen und Frauchen gehen sie shoppen, besuchen Partys, ziehen um die Häuser, treffen gemeinsame Freunde, lassen sich unter Umständen sogar einkleiden und beim Frisör verwöhnen oder verreisen in fremde Länder. Sie lassen sich anfassen und knuddeln und lösen sogar Intelligenzrätsel. Hunde sollen möglichst auch nicht schmutzig werden, ihr Fell muss stets glänzen, rein sein und gut riechen. Und dass sie gesittet essen, ist ebenfalls erwünscht. Sie schlafen im Bett und frühstücken gemeinsam mit der Familie am Küchentisch. Zu lautes Bellen wird ungern geduldet, lieber ist es uns, wenn sie sich brav und still verhalten.

Vermenschlichung bedeutet, dass Ihr Hund freiwillig oder unfreiwillig menschlichen Interessen nachgeht. Ihnen wird natürlich klar sein, dass ein Hund in der Wildnis nie einkaufen gehen würde, sich nicht in Menschenmassen aufhalten und auch nicht nach Kleidung Ausschau halten würde. Diesem Hund wird auch egal sein, dass sein Fell nach altem Schlamm stinkt, und er ließe sich keinesfalls von Fremden anfassen. Seinen Knochen würde er am liebsten ganz alleine verspeisen statt in Gesellschaft, und zwar laut und gierig. Das enge Zusammenleben von Menschen und Haustieren hat mitunter zur Folge, dass der Mensch aus Hunden Menschen machen möchte.

Auch wenn das Gesagte sehr kritisch anmuten mag – wir haben nichts gegen Vermenschlichung! Unter einer Voraussetzung: dass Ihr Hund Spaß und Freude daran hat! Also primär Ihr Hund, nicht Sie! Bei unserer Arbeit haben wir oft festgestellt, dass es Hunde gibt, die Spaß am menschlichen Leben haben. Sie lieben es, beim Frisör zu sein, einen neuen Mantel zu tragen oder auf Pyjamapartys aufzufallen. Andere Hunde dagegen mögen all das gar nicht, werden aber von ihren Besitzern zu etwas gezwungen, was ihnen überhaupt nicht liegt. In diesem Fall ist die Vermenschlichung des Hundes abzulehnen.

Sie müssen also ganz genau beobachten, fühlen, hinhören und Ihre eigenen Bedürfnisse hintanstellen, wenn Sie Klarheit darüber bekommen wollen, was Ihr Hund gerne möchte und was ihn stresst.

Viele Hunde würden es bevorzugen, sich zu Hause auszuruhen, statt mit ihrem Herrchen durch die Straßen zu ziehen. Die meisten

Hunde benötigen rund 20 Stunden Erholung pro Tag. Nicht jeder Hund lässt sich gerne anfassen und streicheln. Nur weil es der Mensch gerne will, heißt das noch lange nicht, dass es der Hund genießt. Viele Hunde haben keinen Spaß daran, berührt zu werden, schon gar nicht von fremden Menschen, die schlimmstenfalls auch noch grob und unsanft vorgehen. So mancher Hund würde liebend gerne auch mal in eine Pfütze treten oder sich im Dreck wälzen, weil das seinem Naturell entspricht. Hunde lieben es, sich mit der Erde zu verbinden und sich eins mit ihr zu fühlen. Oder sie haben einfach Spaß daran, schmutzig zu werden. Darüber hinaus gibt es Hunde, die eher Einzelgänger sind. Sie brauchen nicht viele Freunde, schon gar nicht menschliche Kontakte. Sie sind lieber mit sich allein oder nur mit Frauchen oder Herrchen. Andere Hunde sind unternehmungslustig und suchen das Abenteuer. Doch es gibt auch jene Hunde, die am liebsten nur faul sein möchten, und das den ganzen Tag.

Aus einem faulen Hund einen abenteuerlustigen zu machen wird zwangsläufig scheitern. Wenn Sie selbst gerne viel unternehmen, aber einen Hund haben, der lieber auf der Couch liegt, dann werden Sie ihn wahrscheinlich oftmals zu Aktivitäten animieren wollen. Doch geht das gut aus? Meist endet es erfahrungsgemäß in Enttäuschung.

Aus irgendeinem Grund haben Sie aber trotzdem einen Hund, der nicht die gleichen Bedürfnisse hat wie Sie, und das ist wohl kein Zufall. Will Ihnen Ihr Hund vielleicht etwas beibringen? Nämlich dass Sie selbst mehr zur Ruhe kommen sollten? Oder dass Ihre Wünsche in Wirklichkeit nicht Ihre eigenen sind, sondern von anderen übernommen? Sehen Sie jedes Verhalten eines Hundes auch als Zeichen an, vor allem dann, wenn dieses Verhalten Sie nervt und stört.

Folgende Gründe kann es geben, wenn Sie Ihren Hund *gegen seinen Willen* vermenschlichen:

- Sie kennen Ihre eigenen wahren Bedürfnisse nicht, und folgerichtig fällt es Ihnen schwer, die Bedürfnisse eines anderen Lebewesens zu erkennen.

- Sie können, wollen oder trauen sich nicht, Ihre eigenen Bedürfnisse zu erfüllen, und projizieren sie dann auf Ihren Hund, wie ein Elternteil auf sein Kind. Er soll das tun, was Sie selbst nicht tun können oder konnten, er soll Versäumnisse wiedergutmachen, die Sie bereuen.

- Sie fühlen sich einsam und vermissen menschlichen Kontakt. Sie missbrauchen Ihren Hund dazu, Ihren Mangel an menschlichem Kontakt zu kompensieren.

- Sie empfinden Wut oder Hass gegenüber Menschen, weil Sie oft enttäuscht wurden. Nach dem Motto »Tiere sind die besseren Menschen« würden Sie aus Ihrem Hund am liebsten einen Menschen machen, doch innerlich sehnen Sie sich eigentlich nach einem echten Menschen.

Erfahrungsgemäß fühlt sich das Leben wesentlich leichter an, wenn man die Menschen in seinem Umfeld so sein lassen kann, wie sie nun einmal sind. Wenn man andere wertfrei betrachtet, statt sie zu verurteilen, gibt ihnen das Raum, mehr sie selbst sein zu können ... und vielleicht auch über sich selbst hinauszuwachsen. Mit Tieren ist es nicht anders. Hunde fühlen sich am besten, wenn sie ganz Hund sein dürfen. Doch was das für jeden einzelnen Hund bedeutet, gilt es zu erkennen. Es gibt Hunde, die gerne immer ein sauberes Fell haben wollen; andere wollen ihren körpereigenen Geruch tragen, weil künstlicher Duft die Sinne vernebelt und den Austausch mit anderen Hunden erschwert. Auch hier gilt also: Schauen Sie genau auf Ihren Hund und stellen Sie sich selbst dabei hintan.

Die Folge einer ungesunden Vermenschlichung ist, dass Hund und Besitzer sich über ihre wahre Rolle nicht im Klaren sind. Sie werden dann zu sehr abhängig voneinander, weil sie den jeweils anderen zur Selbstvergewisserung brauchen. Wir geraten immer dann in eine ungesunde Abhängigkeit von anderen Lebewesen, wenn wir uns selbst verloren haben. Dann brauchen wir jemanden, der den Verlust der eigenen Persönlichkeit ausgleicht.

Wenn Sie Ihren Hund auf ungute Weise vermenschlichen

Haben Sie das Gefühl, dass Sie Ihren Hund auf eine ungesunde Art und Weise vermenschlichen, dass Ihr Hund also darunter leidet und nicht das Leben führt, für das er gemacht ist? Dann können Sie wie folgt vorgehen:

Sehen Sie sich Ihren Hund an und blicken Sie ihm ganz kurz in die Augen. Atmen Sie mehrmals durch und denken oder sprechen Sie folgenden Satz aus: »Ich bin jetzt bereit zu sehen und zu erkennen, wer du wirklich bist und was deine wahren Wünsche und Bedürfnisse sind.« Schließen Sie Ihre Augen und atmen Sie tief ein und aus.

Nehmen Sie ein leeres Blatt Papier und schreiben Sie alles auf, was Sie normalerweise mit Ihrem Hund machen und wie Ihr gemeinsamer Alltag aussieht. Fangen Sie bei den körperlichen Bedürfnissen an und hören Sie bei den emotionalen oder spirituellen auf. Machen Sie auf der rechten Seite zwei Spalten mit folgender Bezeichnung. Spalte 1: »Wünscht mein Hund sich das?« Spalte 2: »Wünsche ich mir das?«

Füllen Sie zuerst die erste Spalte aus. Schreiben Sie ganz spontan »Ja« oder »Nein«: Ja, mein Hund wünscht sich das. Oder: Nein, mein Hund wünscht es sich eigentlich nicht. Sehen Sie dabei immer wieder Ihren Hund an. Um *ihn* geht es, nicht um Sie.

Fragen Sie dann Ihren Hund, ob er zusätzliche Wünsche oder Bedürfnisse hat, die erfüllt werden sollten, und schreiben Sie auf, was Sie wahrnehmen.

Atmen Sie wieder mehrmals tief durch und versprechen Sie Ihrem Hund Folgendes: »Ich bin bereit, mehr auf deine Wünsche und Bedürfnisse zu achten. Und ich bin auch bereit, mir meine eigenen Wünsche besser zu erfüllen.« Zwei Lebewesen dürfen die gleichen Bedürfnisse haben, aber auch völlig unterschiedliche.

Nun schließen Sie Ihre Augen und atmen Sie wieder tief ein und aus. Gehen Sie in sich, spüren Sie Ihren Atmen und Ihren Körper und treffen Sie folgende Entscheidung ganz bewusst: »Ich bin jetzt auch bereit, mich selbst zu sehen und zu erkennen, wer ich wirklich bin und was meine wahren Wünsche und Bedürfnisse sind.«

Füllen Sie nun die zweite Spalte aus, »Wünsche *ich* mir das?«. Vergleichen Sie anschließend die Antworten in beiden Spalten.

Falls Sie und Ihr Hund unterschiedliche Bedürfnisse haben sollten, dann dürfen Sie lernen, sich Ihre eigenen Bedürfnisse ohne Ihren Hund zu erfüllen. Wenn Ihr Hund nicht gerne kuschelt, Sie aber schon, dann lernen Sie, wie Sie es sich selbst kuschelig machen können. Oder holen Sie sich Ihre Kuscheleinheiten bei anderen Tieren und Menschen, die gerne kuscheln, aber belasten Sie nicht Ihren Hund damit, etwas zu tun, was nicht seinem Naturell entspricht. Nicht jeder Hund mag lange Berührungen oder schläft gern gemeinsam mit Herrchen oder Frauchen in einem Bett. Manche Hunde verlassen sogar das Bett und gehen auf ihren eigenen Schlafplatz, sobald ihr Besitzer eingeschlafen ist.

Falls Sie feststellen, dass Ihr Hund sich umgekehrt etwas wünscht, das Sie ihm nicht geben können und wollen, dann finden Sie bitte eine Lösung dafür. Sie dürfen sich dabei Unterstützung von anderen holen.

Je mehr Sie Ihre eigenen Bedürfnisse und die Ihres Hundes erkennen, desto freier fühlt sich die Beziehung zu Ihrem Vierbeiner an. Ungesunde Abhängigkeiten verschwinden, falsche Erwartungen verlieren an Wert, und eigene Projektionen lösen sich auf. Sie sehen sich und Ihren Hund immer mehr so, wie Sie beziehungsweise er wirklich sind. Dann geschieht ein Wunder: Mehr Liebe kommt auf. Mehr Wertschätzung ist spürbar, und ein tiefer Respekt prägt die Beziehung zu Ihrem Vierbeiner. Sie fühlen sich tiefer miteinander verbunden und können dann auch gemeinsame Momente viel intensiver genießen. Und sowohl Sie selbst als auch Ihr Hund werden kreativer. Sie entdecken plötzlich neue Aktivitäten und Unternehmungen, die Ihnen gemeinsam Spaß machen.

Der Umgang mit Schuldgefühlen

Immer mehr Hundebesitzer tun alles für ihren Vierbeiner. Sie achten darauf, dass er gesund ist, gutes Futter bekommt, genügend Auslauf und Beschäftigung hat und auch sonst all seine Wünsche erfüllt werden. Und trotzdem gibt es irgendwo im Hinterkopf diese Stimme, die einem Angst macht. Sie stellt alles infrage: »Mache ich das richtig? Bin ich gut genug für meinen Hund? Wäre mein Hund woanders nicht besser aufgehoben? Geht es ihm gut bei mir? Was muss ich noch für ihn tun?« Die Liste solcher Fragen ist schier endlos, und das Gefühl dahinter ebenso. Diese Hundebesitzer haben das Gefühl, dass ganz gleich, was sie tun, es nie wirklich gut genug ist. Sie glauben, dass ihr Hund noch mehr Liebe, noch mehr Aufmerksamkeit, noch mehr Zeit mit ihnen, noch besseres Futter, noch mehr Auslauf und noch mehr Beschäftigung braucht oder auch noch mehr Ruhe und Rückzug. Und wenn sie dann mehr von alledem bieten, sind sie trotzdem noch nicht ganz zufrieden und beruhigt.

Wir glauben, dass jeder bewusst denkende Tierbesitzer von Schuldgefühlen geplagt ist. Gewissensbisse kommen hoch, etwa wenn der Besitzer glaubt, zu wenig Zeit mit dem Tier zu verbringen oder ihm nicht alles bieten zu können, was sein Vierbeiner braucht. Schuldgefühle sind an der Tagesordnung, wenn eine Besprechung sich hingezogen hat und der Vierbeiner womöglich länger auf einen warten musste. Meist ist es das Gefühl, zu wenig Zeit für Spielen, Kuscheln, Spazierengehen oder Beschäftigung zu haben. Noch tiefere Schuldgefühle plagen jene Besitzer, die ihr Tier haben einschläfern lassen und sich nicht sicher sind, ob es die richtige Entscheidung war. Wenn ein Hund krank oder verhaltensauffällig ist, dann plagt sich sein Herrchen oder Frauchen mit dem Gedanken, alles falsch zu machen. Besonders jene Besitzer, die sich im Klaren darüber sind, dass ihr Hund sie spiegelt und möglicherweise aufgrund dessen ein unerwünschtes Verhalten zeigt, tun sich schwer damit, frei von Schuldgefühlen zu sein.

Es geht aber noch weiter. Manche Tierliebhaber nehmen auch noch die Schuld für alle anderen Menschen auf sich. Wenn Tiere für Tierversuche missbraucht und getötet und in Massentierhaltung gequält werden, fühlen sich viele Menschen schuldig dafür, dass der Mensch solche Gräueltaten verübt.

Bei Schuldgefühlen herrscht der Gedanke vor: »Ich bin nicht gut genug.« Oder: »Ich bin es nicht wert.« Dieser Gedanke wird mitunter bereits Kleinkindern eingepflanzt. Sie erfahren schon sehr früh, dass sie nur für ein bestimmtes Verhalten geliebt werden. Wenn ein Kind immer brav, nett, höflich, unauffällig, clever ist, dann bekommt es Liebe. Ist es dies aber nicht, dann wird ihm Liebe entzogen. Es ist jedoch unmöglich, immer nur lieb und nett zu sein. Folglich denken viele Kinder, dass sie so, wie sie sind, nicht richtig sind. Sie glauben, sie wären nicht gut genug und seien es nicht wert, geliebt zu werden. Sie lehnen dabei meist nicht die Erwachsenen ab, weil diese für ihr

Überleben wichtig sind. Leichter ist es, sich selbst abzulehnen und zu glauben, dass etwas mit einem selbst nicht stimmt. So entstehen Schuldgefühle und -gedanken. Statt sich zu lieben, so wie man eben ist, und seine Potenziale zu entfalten, geschieht genau das Gegenteil: Der betreffende Mensch verabscheut Teile in sich oder sein ganzes Sein. Und damit nicht genug. Er oder sie versucht, alles wiedergutzumachen. Also noch netter zu sein, es allen recht zu machen, zu allem Ja zu sagen und ja nicht unangenehm aufzufallen. Dieses Verhalten schreit nach Liebe, doch in Wirklichkeit ist nur Schmerz da, der aus Schuldgefühlen resultiert. Mit jeder positiven Zuwendung, die man dann von seinen Mitmenschen bekommt, wird der Schmerz vorübergehend gelindert. Doch jede Handlung, jeder Schritt und jedes Verhalten der Betreffenden ist von Schuld getragen. Auf Dauer funktioniert das nicht. Irgendwann erkennt der Schuldgeplagte, dass er alles tut, was er kann, und doch nie die Anerkennung bekommt, die er sich wünscht. Das liegt daran, dass die frühkindliche Verletzung durch Liebesentzug ein Loch in die Seele gerissen hat, das nicht gestopft werden kann.

Unsere Erfahrung zeigt, dass Menschen nur dann etwas in ihrem Leben verändern können, wenn sie sich von Schuldgefühlen befreien. Wenn Sie etwas besser machen wollen, müssen Sie zuerst die Schuld loslassen. Erst dann sind Sie frei. Erst dann können Sie frei entscheiden, was Sie wirklich wollen und was Sie in Ihrem Leben ändern möchten. Erst dann bringt Ihnen auch eine Verbesserung die Erfüllung, nach der Sie sich sehnen. Sie besänftigen dann nicht mehr irgendwelche Emotionen Ihrer Schattenseite und stopfen auch keine inneren Löcher mehr. Stattdessen fühlen Sie sich frei und im Einklang mit sich selbst. Aus diesem Grundzustand heraus geschieht Veränderung am leichtesten. Und jede Transformation bringt dann noch mehr Liebe und Erfüllung ins Leben.

Auch Ihrem Hund machen Sie das Leben leichter, wenn Sie sich von Schuldgefühlen befreien. Schließlich spürt er ganz genau, was in Ihnen vorgeht. Er weiß, dass Sie sich schuldig fühlen. Diese Emotion ist auch für Ihren Hund belastend. Denn kein Hund möchte, dass sein Besitzer sich wegen ihm schlecht fühlt. Im Gegenteil: Hunde wünschen sich Liebe und Harmonie. Ein Herrchen und Frauchen, das im inneren Gleichgewicht ist. Wenn Sie daher Schuldgefühle bei sich feststellen, dürfen Sie diese in Licht und Liebe einhüllen und für immer ziehen lassen.

Verwechseln Sie Schuldgefühl nicht mit Verantwortung. Sie sollen Verantwortung für Ihren Hund und für sich selbst übernehmen. Für Ihre Schwächen und Fehler sollten Sie sich aber nicht schlechtmachen und auch nicht von anderen herabwürdigen lassen. Bewahren Sie stets Ihren Stolz, Ihre Würde und Ihre Achtung sich selbst gegenüber. Das ist Ihr Recht als Mensch. Übernehmen Sie Verantwortung für Ihr Handeln und seien Sie dabei liebevoll zu sich selbst. Sie dürfen dabei wachsen und lernen, dass es auch anders geht. Verstehen Sie, dass ein Mensch ein stetig lernendes Wesen ist. Sie dürfen nun jeden Fehler, jede Schwäche und jede Blockade dazu nutzen, um sich weiterzuentwickeln, sich noch mehr zu lieben und zu ehren, die Wunder des Lebens zu erkunden und die Schönheit des Seins zu entdecken. Lieben Sie sich so, wie Sie sind, mit all Ihren positiven und negativen Seiten. Stehen Sie voll und ganz zu Ihren Schattenseiten, statt sich dafür schuldig zu fühlen. Und nutzen Sie sie für die Transformation zu mehr Glück, Liebe, Freiheit, Kraft, Stärke und Harmonie. Lernen Sie dabei Verantwortungsbewusstsein. Verstehen Sie, wie Ihr Denken und Fühlen genau diese Situation ausgelöst hat und welche Lernerfahrung für Sie darin steckt. Wenn Sie all das beherzigen, hat Schuld keinen Platz mehr in Ihrem Leben. Nur noch Liebe und Lernen.

Ein schuldbeladener Mensch ist kein Vorbild für seinen Hund, sondern bloß ein Opfer. Ein Opfer seiner Lebensumstände, die er glaubt, nicht verändern zu können. Was glauben Sie, wie Sie dann auf Ihren

Hund wirken? Hilflos, machtlos, unsicher und verängstigt. Und entsprechend wird Ihr Hund reagieren. Entweder wird er Ihnen Ihr Verhalten spiegeln, damit Sie auf sich selbst aufmerksamer werden, oder er wird sich entscheiden, die Zügel in die Hand zu nehmen. Er versucht dann, Ihnen das Gefühl von Sicherheit, Machtstärke und Selbstsicherheit zu vermitteln, meist auf eine unerwünschte Art und Weise. Doch Ihr Hund wird damit überfordert sein. Denn wie soll er sein eigenes Leben und dann auch noch Ihres in die Hand nehmen und noch dazu in der Menschenwelt alles unter Dach und Fach bringen? Schließlich kann Ihr Hund keine Rechnungen bezahlen, keinen Termin beim Therapeuten ausmachen, die Lieferung für sein Futter in Auftrag geben und auch nicht Ihre Mutter zu einem ernsten Gespräch bitten. Das alles ist dem Menschen vorbehalten. Ihr Hund muss sich daher darauf verlassen, dass Sie das tun.

Schuldgefühle auflösen

Bei der Auflösung von Schuldgefühlen können Sie folgendermaßen vorgehen:

Nutzen Sie Ihren Verstand.

Schreiben Sie auf, wofür Sie sich im Allgemeinen oder bei Ihrem Hund schuldig fühlen. Überprüfen Sie dann, ob Sie nicht vielleicht von falschen Voraussetzungen ausgehen. Ein Hund braucht beispielsweise 20 Stunden Ruhe am Tag. Sie müssen daher kein schlechtes Gewissen haben, wenn Sie Ihren Hund nicht überallhin mitnehmen. Im Gegenteil: Sie sollten sich dabei gut fühlen, weil sich Ihr Hund endlich erholen kann.

Hören Sie auf Ihr Herz.

Sollten weiter Schuldgefühle bestehen, dann sehen Sie sich diese auf Ihrer Liste an und sprechen Sie folgenden Satz: »Danke, dass ihr mir bisher gedient habt, aber ab jetzt möchte ich nicht mehr aus Schuldgefühlen heraus handeln, sondern aus Liebe.«

Visualisieren Sie ein Liebesfeuer.

Stellen Sie sich nun vor, wie vor Ihnen ein Feuer aus Liebe brennt. Sie dürfen dort alle Schuldgefühle hineinwerfen und sie im Feuer der Liebe verbrennen. Feuer hat eine starke transformative Wirkung, und Liebe ist der Grundstein für Veränderung.

Verbrennen Sie Ihre Schuldgefühle.

Beenden Sie die Visualisierung und verbrennen Sie nun physisch den Zettel, auf dem Sie Ihre Schuldgefühle niedergeschrieben haben. Sprechen Sie dabei folgenden Satz aus: »Ich lasse euch jetzt für immer ziehen, aus Liebe zu mir selbst und zu meinem Hund. Ich bin bereit, Veränderung aus Liebe und Harmonie heraus zu bewirken. Danke.«

Gehen Sie eine Runde spazieren.

Machen Sie anschließend eine Runde mit Ihrem Hund, am besten im Grünen, und spüren Sie, wie es ist, ein Leben frei von Schuldgefühlen zu führen. Wie geht es Ihnen dabei? Achten Sie auch darauf, wie sich Ihr Hund verhält.

Übernehmen Sie ruhig die Verantwortung für Ihr Handeln und lieben Sie es, Ihr Leben zu verändern, aber nicht mehr aus Schuldgefühlen heraus, sondern aus purer Selbstliebe und Wertschätzung.

Wie Sie Führungsqualitäten entwickeln

Hunde sind soziale Wesen, die in einem Rudel leben. Jedes Rudelmitglied hat eine klar definierte Rolle. Der Anführer des Rudels trägt die Verantwortung für die Versorgung und das Wohlbefinden der Gruppe. Er regelt auch Konflikte im Rudel. Doch auch die anderen Rudelmitglieder erfüllen wichtige Aufgaben, die jeweils ihren Fähigkeiten und Stärken entsprechen. Ein schneller und wendiger Hund übernimmt beispielsweise einen großen Teil der Jagd und sorgt dafür, dass genug Nahrung für alle da ist. Ein ängstlicher Hund ist sehr sensibel für Gefahren und kann die Gruppe warnen. Ein erfahrener, weiser Hund unterstützt und berät den Rudelführer, damit dieser seine Arbeit bestmöglich machen kann. Im Rudel ist jeder wichtig, die Starken und die Schwachen. Jeder ist – mit seinen Stärken und Schwächen – wichtig für die Gemeinschaft.

Wenn Hunde mit Menschen zusammenleben, werden die Menschen Teil ihres Rudels. So weit geht die Akzeptanz der Hunde. Grundsätzlich gehen Hunde, die sich dafür entscheiden, eine Gemeinschaft mit dem Menschen zu bilden, davon aus, dass der Mensch die Führung übernimmt. Warum eigentlich? Weil der Hund ganz genau weiß, dass er in der Menschenwelt sonst überfordert wäre. Schließlich lebt er nicht mehr in der Natur, wo er selbst jagen kann, seinen eigenen Schlafplatz suchen oder Gefahren einschätzen kann. Das übernimmt nun der Mensch. Dieser kauft das Futter ein, bezahlt die Wohnungsmiete und gibt dem Hund Anweisungen beim Überqueren einer befahrenen Straße.

Ihr Hund muss sich daher auf Sie verlassen können. Er muss spüren, dass Sie in der Lage sind, der Rudelführer zu sein und diese Aufgabe ernst nehmen. Tun Sie dies nicht, bleibt ihm nichts anderes übrig, als selbst die Führung zu übernehmen. Das aber kann nicht funktionieren, weil jeder Hund mit dieser Aufgabe überfordert ist. Hunde, die versuchen, in Gemeinschaft mit Menschen der Rudelführer zu sein, erkennt man daran, dass sie glauben, ihre Besitzer immer und überall beschützen zu müssen, und daher ständig gestresst sind. Sie können nicht abschalten, entspannen, loslassen – weil sie sich auf ihren Besitzer nicht verlassen können. Dieser ist wahrscheinlich selbst mit seinem Leben überfordert, tut sich schwer damit, Entscheidungen zu treffen, gelassen zu bleiben und die Bodenhaftung zu behalten. Solch ein Mensch wirkt oft unruhig, unberechenbar, unsicher und chaotisch. Für Hunde sind solche Besitzer ein Albtraum. Stellen Sie sich vor, Ihr ganzes Leben hinge von einer Person ab, auf die Sie sich in allen Angelegenheiten verlassen müssten. Und dann würden Sie bemerken, dass dieser Mensch seiner Aufgabe nicht gewachsen ist. Vielleicht ist er sogar krank, leidet unter Panikattacken, Depressionen, Minderwertigkeitskomplexen, Burn-out, Süchten oder kämpft mit Beziehungsproblemen. Was dann? Es liegt nahe, dass Sie auf den Gedanken kommen, die Dinge selbst in die Hand zu nehmen. Doch das ist nicht so einfach. Denn Sie sprechen nicht die gleiche Sprache, sehen ganz anders aus und verfügen auch nicht über die Kompetenzen, die es braucht, um in der Welt dieser anderen Person klarzukommen. Nichtsdestotrotz versuchen Sie, so gut wie möglich der Anführer zu sein. Jedes Rudel braucht schließlich einen, der es führt.

Neben den Menschen, die mit der Rolle als Anführer überfordert sind, gibt es auch jene Menschen, die die Rolle des Rudelführers völlig falsch verstehen. Das ist fast nur beim Menschen der Fall. Manche Menschen glauben, dass Führung etwas mit Druck, Gewalt, Unterwerfung, Unterdrückung und Manipulation zu tun hat. Das trifft aber nicht zu, schon gar nicht in der Rudelwelt des Hundes. Wirft man einen Blick auf die Gemeinschaft und beobachtet man einen Rudelführer ganz genau, so wird man bei ihm ganz andere Qualitäten feststellen können. Er zeigt weder Anzeichen von Gewalt noch Unterdrückung – außer eventuell in Konflikt- oder Bedrohungssituationen, in denen eine schnelle Lösung gefragt ist. Doch die meiste Zeit strahlt der Rudelführer ganz andere Eigenschaften aus. Er wirkt ruhig, gelassen, ausgeglichen, souverän, integer und gibt dem Rudel Halt und Ordnung. Er hat sich seine Führungsrolle auch nicht erkämpft, sondern verdient. Seine Art, Mitgefühl zu zeigen, gelassen zu bleiben, präsent und kraftvoll zu sein, berechtigt ihn dazu, die Führung zu übernehmen und für das Rudel zu sorgen. Er hat eine starke Ausstrahlung und ist ein Vorbild für alle.

Der Mensch sieht das möglicherweise anders. Er glaubt, schlagen, demütigen, unterdrücken, schreien und quälen zu müssen, um als Anführer gesehen zu werden. Hunde sind jedoch so sensibel und harmoniegeprägt, dass sie sich von solch einem Verhalten nicht blenden lassen. In ihren Augen ist ein dominanter, gewalttätiger Mensch alles andere als ein Anführer. Es mag sein, dass sie »parieren« – dies aber dann nur, um Strafen zu vermeiden.

Folgende Gründe erschweren Ihnen, Ihrem Hund die bestmögliche Führung zu bieten:

- Ihnen ist Ihre eigene Rolle als Rudelführer und die Ihres Hundes als Rudelmitglied nicht bewusst.
- Sie sehen Ihren Hund als Ersatz für Kinder, Partner, Freunde oder Familie und haben daher unangemessene Erwartungen an ihn.
- Sie haben es verlernt, klar zu denken, zu fühlen und zu handeln, weil in Ihrem Kopf einiges an Gedankenunruhe herrscht.
- Sie haben die Balance von Herz und Verstand verloren. Sie werden entweder von Ihren Emotionen überrannt oder verlieren sich in Ihren Gedanken.
- Sie wollen eigentlich gar nicht führen und Verantwortung übernehmen, sondern lassen sich lieber treiben.

Es lohnt sich, dem letzten Punkt besondere Aufmerksamkeit zu widmen. Viele Menschen versuchen, im Job, in der Partnerschaft, als Eltern und in der Familie alles richtig zu machen und unter Kontrolle zu haben. Das kann auf Dauer sehr ermüdend sein. Wenn Sie vielleicht auch noch Führungskraft in einem Unternehmen sind, wünschen Sie sich womöglich außerhalb Ihrer Arbeitszeiten eine Umgebung, in der Sie komplett loslassen, alles sein lassen und sich dem Fluss des Lebens einfach hingeben können. Die Beziehung zu Ihrem Hund bietet sich dazu an. Es ist ja auch nicht so, als ob man sich mit seinem Hund auf keinen Fall entspannen dürfte. Bei Ihrem Hund können und dürfen Sie endlich Sie selbst sein, einfach nur kuscheln und Spaß haben. Aber bitte nicht auf Kosten seiner Bedürfnisse! Denn Ihr Hund wünscht sich bei aller Liebe und Zuneigung, die Sie für ihn hegen, einen Menschen, der ihn mit Selbstsicherheit, Klarheit und Entscheidungskraft führt. Hunde sehnen sich nach einem Anführer, der ihnen mit Mitgefühl begegnet und deutlich signalisiert, was gut für sie ist und was nicht. Sie möchten zu jemandem aufschauen und Anweisungen befolgen. Hunde haben das Bedürfnis, angeleitet zu werden. Sie brauchen eine empathische, klare, charismatische und anziehende Führungspersönlichkeit, die eine natürliche Autoritätsperson ist. Einen Rudelführer mit einer besonderen Ausstrahlung, der sich seiner Kraft und Macht bewusst ist.

Stärken Sie Ihre natürlichen Führungsqualitäten

Machen Sie sich zunächst klar, dass Führung nichts mit Druck, Dominanz, Manipulation, Gewalt oder Stress zu tun hat.

Die wahren Führungsqualitäten sind Ruhe, Gelassenheit, Selbstsicherheit, Klarheit, Mitgefühl und Entscheidungsstärke. Diese gilt es zu kultivieren und zu verfeinern.

Sie dürfen natürlich in Ausnahmesituationen stärker eingreifen, vor allem dann, wenn schnelles Reagieren zum Schutz und zur Sicherheit Ihres Hundes vonnöten ist. Lassen Sie ansonsten jedoch die Finger von Verhaltensweisen, die Ihren Hund stressen.

Schreien Sie bitte Ihren Hund nicht ständig an. Auch das hat nichts mit Führung zu tun. Wenn Sie oft laut werden, wird Ihr Hund entweder noch lauter oder zieht sich immer mehr von Ihnen zurück, weil er Sie nicht mehr ernst nehmen kann. Sie haben in seinen Augen an Würde, Stolz und Autorität verloren.

Entwickeln Sie ein Bild von einer Person, die eine ganz natürliche Autoritätsperson ist und noch dazu mitfühlend, in sich ruhend, gelassen, selbstsicher, klar in der Kommunikation und entscheidungswillig. Machen Sie sich Notizen oder lassen Sie folgende Bilder kommen:

Wie sieht in Ihren Augen solch ein Mensch aus? Wie ist seine Ausstrahlung? Welche Kleidung trägt er oder sie? Welchen Lebensstil hat solch ein Mensch?

Versuchen Sie auch, Klarheit darüber zu erlangen, wie solch ein Mensch denkt und fühlt. Was geht im Kopf eines Menschen vor, der andere Menschen und Tiere dazu bringt, ihm ganz natürlich zu folgen? Nicht aus Angst, sondern freiwillig, aus Bewunderung und Anerkennung.

Machen Sie sich im nächsten Schritt klar, wie so ein Mensch spricht, schaut und sich verhält. Wie sind seine Bewegungen, die Körpersprache, der Blick, das Lachen? Versuchen Sie, ein ganz genaues Bild zu entwickeln.

Nachdem Sie sich auf diese Weise ein Bild von einer echten Anführerpersönlichkeit gemacht haben, versuchen Sie, ein Gesicht dazu entstehen zu lassen. Lassen Sie dieses Gesicht Schritt für Schritt immer mehr zu Ihrem eigenen Gesicht werden. Stellen Sie sich nun vor, wie Sie in diesen Menschen hineinschlüpfen: zunächst mit einem Arm, dann mit dem anderen und schließlich mit Ihrem ganzen Körper.

Spüren Sie nun, wie sich so eine Person anfühlt. Wichtig ist, dass Sie nicht in die Rolle eines anderen Menschen schlüpfen, sondern in Ihre ganz eigene, authentische Persönlichkeit hineingehen, die über alle

Führungsqualitäten verfügt, die Ihnen selbst und Ihrem Hund zugute kommen.

Gehen Sie nun mit dieser neuen Ausstrahlung mit Ihrem Hund spazieren und nehmen Sie den Unterschied wahr. Machen Sie sich beim Spaziergang Gedanken darüber, welche Qualitäten Sie noch verbessern oder verfeinern können.

Besinnen Sie sich darauf, dass Sie jederzeit in diese Person hineinschlüpfen können – Ihre natürliche Führungspersönlichkeit, die Ihnen mit der Zeit immer vertrauter werden wird, bis sie dann irgendwann durchgängig zum Ausdruck kommt.

Mit Ängsten und Verzweiflung umgehen

Einige Hunde verstecken sich in einer Ecke, wenn es stürmt. Sie haben Angst vor Blitz und Donner, vor der angespannten Atmosphäre und sehen eine große Gefahr auf sich zukommen. Diese Hunde reagieren panisch bis verzweifelt. Doch woher kommt diese Angst? Wildtiere kennen nämlich keine Angst vor Gewitter. Für Tiere, die nicht mit dem Menschen zusammenleben, ist ein Sturm kein Grund zur Aufregung oder Panik. Unwetter und Stürme gehören für sie einfach zum natürlichen Lebenskreislauf. Die Wildtiere suchen natürlich Schutz und Sicherheit, doch dahinter steckt keine Panik oder Verzweiflung. Sie handeln mehr aus einem natürlichen Instinkt heraus, in Deckung zu gehen und abzuwarten, bis alles vorübergezogen ist.

Man kann davon ausgehen, dass Haustiere die Angst vor Unwettern vom Menschen übernommen haben. Hunde richten sich in Sachen Angst und Aufregung nach ihrem Anführer. Ist dieser frei von Angst, werden auch sie sich nicht fürchten. »Ich habe aber doch gar keine Angst vor Gewittern«, werden Sie sich nun möglicherweise sagen. »Warum also reagiert mein Hund dann panisch, wenn es blitzt und donnert?« Vergessen Sie bitte nicht, dass Hunde nicht nur sensibel auf Ihre Emotionen reagieren, sondern auch auf die Ihres Umfelds. Die meisten Menschen werden bei Unwettern nervös. Hunde spüren das und reagieren darauf. Dasselbe gilt für andere typisch menschliche Ängste.

Ihre Aufgabe als Hundebesitzer und Rudelführer besteht darin, Ihre Ängste in den Griff zu bekommen und konstruktiv mit ihnen umzugehen, sodass sie mit der Zeit abnehmen. Die Realität sieht häufig anders aus. Wir Menschen neigen dazu, uns in unseren Ängsten zu verlieren und uns von ihnen überrennen zu lassen. Weil wir uns ihnen gegenüber machtlos fühlen, verdrängen wir sie und schneiden uns damit von unseren Emotionen ab – was natürlich nicht bedeutet, dass die Angst dann nicht mehr existent wäre. Hunde wissen das natürlich. Sie spüren und riechen unsere Angst.

Ihr Hund möchte Ihnen bei der Bewältigung Ihrer Ängste zur Seite stehen. Er findet Wege, Sie auf diese Ängste aufmerksam zu machen, beispielsweise indem er Ihnen einen Spiegel vorhält. Es kann auch sein, dass Ihr Hund Ihre Angst auf sich nimmt, um Sie zu entlasten. Dieser letzte Punkt bedarf möglicherweise einer genaueren Erläuterung. Sie kennen vielleicht die Situation, dass es Ihnen nicht gut geht und Sie sich bei einem guten Freund aussprechen. Am Ende des Gesprächs geht es Ihnen wesentlich besser, doch Sie bemerken, dass Ihr Freund nun betrübt wirkt.

Sie haben Ihre Stimmung auf den anderen Menschen übertragen. Sie haben sich von Ihrer eigenen Last befreit, wenn auch nur vorübergehend, und der andere Mensch hat Ihnen Ihre Last abgenommen. Hunde machen das genauso. Sie nehmen uns jeden Ballast ab, weil sie uns das Leben leichter machen wollen. Das tun sie nicht, weil es sonst nichts gäbe, was ihnen Spaß macht. Sie tun es, weil sie uns Menschen lieben. Und vielleicht auch, weil sie erkennen, dass Herrchen oder Frauchen unfähig ist, mit seinen/ihren eigenen Emotionen klarzukommen. Das kann kein Hund der Welt mit ansehen. Schließlich sind Sie sein Ein und Alles und noch dazu sein Grundversorger.

Also leidet der Hund mit Ihnen oder übernimmt Ihr Leid komplett. Die Folge sind Verhaltensprobleme und psychische Erkrankungen, die sich dann auch auf der körperlichen Ebene zeigen können. Wenn der Geist überfordert ist, muss der Körper ausgleichen. Das Zusammenspiel von Körper und Geist wird inzwischen auch von der Schulmedizin, genauer: der psychosomatischen Medizin, erforscht. Eine maßgebliche Ursache für psychosomatische Erkrankungen ist Stress. Das erklärt auch, warum Hunde oft unter den gleichen Krankheiten leiden wie der Mensch. Diabetes, Depression, Bluthochdruck, Verspannungen und Herz-Kreislauf-Störungen sind an sich keine tierischen Erkrankungen. Wild lebende Tiere leiden nicht daran. Oder haben Sie auf einer Safaritour schon einmal einen wilden Löwen getroffen, der für depressiv erklärt wurde und noch dazu an Diabetes litt?

Wenn wir unsere Haustiere ebenso lieben wie sie uns, sollten wir ihnen ersparen, unser Leid übernehmen zu müssen. Wie machen wir das am besten? Richtig – indem wir uns selbst um unsere Heilung kümmern. Wir sind also gefordert, alles zu unternehmen oder auch zu unterlassen, um wieder in die körperliche und geistige Balance zu kommen. Bevor Sie aber nun Schritte dazu unternehmen, müssen Sie sich klarmachen, dass Schuldgefühle Sie nicht weiterbringen. Sie mögen bisher Ihr eigenes Leid auf Ihren Hund übertragen haben. Sich dafür nun schuldig zu fühlen hilft Ihnen aber nicht weiter. Im Gegensatz, es blockiert den Heilungsprozess. Heilung geschieht, wenn mehr Liebe, Licht, Einsicht und Veränderung in Ihr Leben kommen. Schuld und Selbstverurteilung lassen keinen Platz für die leichten Gefühle.

Sie fühlen sich schwer an und lassen die Gedanken sich im Kreis drehen. Was dagegen hilft, ist Selbstliebe. Selbstliebe bedeutet, dass Sie sich gut behandeln, gut über sich selbst denken und sich Gutes tun. Selbstliebe hilft Ihnen auch, Vergangenes loszulassen und neue Wege zu gehen. Sie können sich aus Selbstliebe aktiv entscheiden, Ihr Leid hinter sich zu lassen und mehr Freude, Kraft und Liebe in Ihr Leben zu lassen.

Ängste bewältigen

Haben Sie einen angstgeplagten Hund oder leiden Sie selbst unter Angstzuständen, dann können Sie wie folgt vorgehen:

Verurteilen Sie sich nicht für Ihre Angst und distanzieren Sie sich von Schuldgefühlen. Dabei hilft Ihnen die Einsicht, dass Schuld und Verurteilung Veränderung blockieren statt fördern. Erkennen Sie im ersten Schritt, dass bei Ihnen möglicherweise Schuldgedanken vorherrschen, und sehen Sie sich diese Gedanken zunächst an, um sich dann von ihnen zu verabschieden. Sie können sie in Gedanken verbrennen oder auf ein Blatt Papier notieren und ins Feuer legen.

Nehmen Sie Kontakt zu Ihrer Angst oder der Ihres Hundes auf. Gehen Sie einen neuen Weg. Laufen Sie nicht mehr vor Ihrer Angst davon. Nehmen Sie sich stattdessen Zeit für sie und schenken Sie ihr heilende Aufmerksamkeit. Falls Ihre Angst größer sein sollte als Sie selbst, können Sie sich die Unterstützung eines Coaches oder Therapeuten holen.

Stellen Sie Ihrer Angst (immer wieder) folgende Fragen:
Warum bist du hier?
Wovor willst du mich beschützen?
Wie kannst du wieder Frieden finden?

Stellen Sie die Fragen an Ihre Angst so oft, bis Sie eine klare Antwort gefunden haben oder glauben, keine Antwort mehr zu brauchen.

Diese Kernfragen an Ihre Angst helfen Ihnen und Ihrer Emotion, einen weiten Raum zu schaffen. Angst hat mit Enge zu tun, und je weiter Sie geistig werden, desto kleiner wird auch die Angst.

Hüllen Sie Ihre Angst immer wieder geistig in Licht ein. Stellen Sie sich bildlich vor, wie die Angst von Licht umhüllt und durchdrungen wird. Jede Angst hat etwas Dunkles, das einengt und drückt. Licht dagegen führt zu Transformation. Hüllen Sie also jede Angst in Helligkeit ein. Sie können bei Ihrer eigenen Angst genauso vorgehen wie bei der Ihres Hundes.

Sehen Sie Angst nicht mehr als Feind, sondern als etwas, das sich nach Liebe, Licht und Heilung sehnt. Sie können jede Angst in den Griff bekommen, wenn Sie gewillt sind, mehr Liebe in Ihr Leben und das Ihres Hundes zu bringen.

5

Ganzheitliches Praxis-Coaching für Mensch & Hund bei den häufigsten Verhaltensproblemen

Ihr Hund ist verhaltensgestört - aber ist er das wirklich?

»Ich bin kein Problemhund!«, würde ein Hund sagen, wenn wir ihn verstehen könnten. Im Alltag mit Hunden sparen wir aber mit diesem Ausdruck nicht. Mittlerweile bekommt nahezu jeder Hund den Stempel »Problemhund« aufgesetzt. Tiertrainer und -ärzte zögern nicht mit der entsprechenden Diagnose. Und auch ein Großteil der Hundebesitzer selbst ist der Ansicht, dass bei ihrem Hund eine schwere Verhaltensstörung vorliegen muss. Was aber, wenn diese Diagnosen falsch sind und nicht der Wirklichkeit entsprechen? Oftmals wird ein natürliches Verhalten als krank dargestellt, weil es nicht erwünscht ist. Uns scheint das Denken in Diagnosen manchmal das eigentliche Problem zu sein.

Wenn Sie einem Menschen sagen, dass er psychisch krank sei, wird er sich gegen Ihre Aussage wehren. Er wird sich verletzt und unfair behandelt fühlen. Hunden geht es genauso. Sie betrachten sich selbst dann mit den Augen ihres Besitzers als nicht normal oder sogar unerwünscht. Das ist das Schlimmste, was einem Hund passieren kann. Denn Hunde bemühen sich sehr, ihrem Herrchen und Frauchen alles recht zu machen.

Doch ist ein »Problemhund« tatsächlich gescheitert? Schlägt man das Wort »verhaltensauffällig« nach, findet man Definitionen wie etwa: »in seinem Verhalten vom Normalen, Üblichen in auffälliger Weise abweichend«. Psychologen und Pädagogen sprechen von einer »nicht adäquaten Reaktion« oder einem »fremd erscheinenden, wenig sinn- und zweckvollen Verhalten«. Verhaltensauffällig ist ein Lebewesen, wenn es »über einen längeren Zeitraum zu häufig, stark und hartnäckig ein Verhalten zeigt, das von anderen entweder als schwierig oder sogar störend empfunden wird«. Von »Scheitern« ist nicht die Rede, wohl aber von

»stören« und von »nicht adäquat«. Kein Wunder, dass es so viele verhaltensgestörte Hunde und Menschen gibt. Wird bei näherer Betrachtung nicht nahezu jeder als »gestört« bezeichnet, dessen Verhalten der jeweiligen Mehrheit nicht passt?

Wenn Menschen mit einem bestimmten Verhalten eines Hundes nicht umgehen können, beauftragen sie häufig einen Hundetrainer, der das als störend empfundene Verhalten wegtrainieren soll. Oder sie lesen Bücher, die ihnen zahlreiche Tipps geben, wie sie einen braveren und folgsameren Hund bekommen. Leider bleiben diese Tipps oft wirkungslos. Der Grund: Vielleicht ist der Hund gar nicht gestört, sondern völlig gesund?!

Vielleicht haben die Besitzer sein Verhalten missinterpretiert? Wahrscheinlich hat sogar unsere ganze Gesellschaft Regeln aufgestellt, wie ein Hund sich »normalerweise« zu benehmen hat, basierend auf menschlichen Bedürfnissen und Wünschen, ohne sich dabei die Frage zu stellen, was für einen Hund gesund und natürlich ist.

Stellen Sie sich vor, Ihnen fällt es sehr schwer, sich zu entspannen und zur Ruhe zu kommen. Sie sind ununterbrochen in einem Hamsterrad, in dem Sie ständig rennen und rennen. Sie sind dauerbeschäftigt und gönnen sich keine Verschnaufpause. Vielleicht schätzen Sie dies als völlig normal ein und werden von Ihren Mitmenschen für Ihren Fleiß gelobt. Gleichzeitig haben Sie einen Hund zu Hause, der den ganzen Tag nur schlafen möchte. Er möchte weder durch den Wald joggen noch Intelligenzaufgaben lösen oder schnell zwischen zwei Terminen mit Freunden essen gehen. Er will nur schlafen, fressen, ganz langsam spazieren gehen und dann wieder schlafen. Sie sind fassungslos. Sie verstehen nicht, wie man sich den ganzen Tag lang so gehen lassen kann. In Ihren Augen ist dieses Verhalten nicht normal. Sie sind davon überzeugt, dass es Ihrem Hund nicht gut geht, dass er verhaltensgestört, vielleicht sogar depressiv ist, oder Sie überlegen, ob er an Burn-out leidet. Sie grübeln, was

Sie dagegen tun können, und holen sich einen Dogsitter ins Haus, der mit Ihrem Hund täglich ein strenges Beschäftigungsprogramm absolviert. Zusätzlich besorgen Sie Ihrem Vierbeiner Vitaminpräparate und modernes Superfutter. Tierärzte, Physiotherapeuten, Hundetrainer – alle werden zu Hilfe gerufen, um Ihren Hund wieder ins Leben zu holen. Er soll wieder gesund werden. Doch in Wirklichkeit ist er nie krank gewesen. Höchstwahrscheinlich leidet er genau jetzt unter Stress, der volle Terminkalender ist gegen seine Natur. Er war als Faulenzer einfach glücklich und zufrieden. Dieses Verhalten war für ihn ganz natürlich. Sie sind es, der aus irgendeinem Grund nicht damit klarkommt. Und das weiß Ihr Hund und fordert Sie heraus, ganz genau hinzuschauen. Vielleicht hat nicht Ihr Hund ein Problem, sondern Sie haben es, und zwar mit dem Thema Ruhe und Entspannung.

Stellen Sie sich nun vor, Sie wären von Natur aus ein Couch-Potato und könnten unter der Woche mit gutem Gewissen Ihre lange Mittagspause gemeinsam mit Ihrem faulen Hund in der Sonne liegend verbringen. Dann kämen Sie niemals auf die Idee, dass mit diesem Hund irgendetwas nicht stimmt. Er kann sich tief entspannen, genau wie Sie. Er braucht wenig Action, genau wie Sie. Auch andere Hundebesitzer, die sich ausreichend Ruhe, Rückzug, Erholung und Schlaf gönnen, würden Sie darin bestätigen, wie angenehm und glücklich Ihr Hund wirkt. Der gleiche Hund, zwei verschiedene Menschen, zwei verschiedene Einschätzungen seines Wesens. Von verhaltensgestört zu völlig normal und glücklich.

Verhaltensprobleme neu definieren

Wollen Sie Gefahren einer Fehldiagnose vermeiden, so sollten Sie das Wort »Verhaltensproblem« ganz neu definieren. Das Verhalten eines Hundes ist dann eine Verhaltensstörung, wenn es den Hund selbst mental, psychisch, seelisch oder körperlich belastet oder ihm schadet. Belastend und schädlich ist »ein anhaltender, wiederkehrender Zustand, in dem sämtliche Stresshormone ausgeschüttet werden, die Psyche mit Angstgefühlen oder anderen Belastungen überfordert ist und der Körper nicht fähig ist, diese angemessen zu verdauen«.

Ihr Hund hat also nur dann ein Verhaltensproblem, wenn er selbst unter seinem Verhalten leidet. Nicht unbedingt dann, wenn Sie mit seinem Verhalten nicht gut können oder es Sie belastet. Macht Ihr Hund etwas, was Ihnen nicht gefällt, dann ist dies als »unerwünschtes Verhalten« zu bezeichnen: ein Verhalten, mit dem Sie persönlich oder Ihre Umwelt nicht gut zurechtkommen.

Ein Beispiel: Das Beschützerverhalten vieler Hunde ist völlig normal und natürlich. Es ist keine Verhaltensstörung, wenn Ihr Hund nicht zulässt, dass sich jemand Fremder Ihrem Liegeplatz in der Sonne nähert. Es ist auch keine Verhaltensstörung, wenn Ihr Hund dazwischengeht, wenn eine für ihn fremde Person auf Sie zukommt, Ihnen nahekommt und Sie umarmt. Über Jahrhunderte, wenn nicht Jahrtausende wurde ihm angezüchtet, sein Territorium und seinen Besitzer, also Sie, zu beschützen. Und das wird er tun. Das heißt nicht, dass Sie sein Beschützerverhalten zulassen müssen und sich Ihnen niemand Fremder nähern darf. Ihr Job ist aber, Ihrem Hund zu zeigen, dass es in Ordnung geht, wenn ein Fremder Ihnen näherkommt. Sie müssen ihm deutlich machen, dass keine Gefahr besteht. Außerdem sollten Sie signalisieren, dass Sie die Situation unter Kontrolle haben und sich Ihr Hund entspannen kann. Machen Sie sich zunächst klar, dass Ihr Hund kein gestörtes Verhalten zeigt, sondern ein natürliches. Und finden Sie dann ein alternatives Verhalten, das er an den Tag legen soll. Ein Alternativverhalten, mit dem Sie und Ihr Hund gut leben können. Üben Sie dieses neue Verhalten gemeinsam ein.

Ein Verhaltensproblem Ihres Hundes ist nicht automatisch ein unerwünschtes Verhalten. Aber ein unerwünschtes Verhalten könnte ein Verhaltensproblem sein. Um eine klare Unterscheidung zu treffen, müssen Sie genau beobachten, die Ursache klären und die richtigen Schritte tun.

Folgende drei Schritte können Ihnen dabei behilflich sein, mit unerwünschtem Verhalten Ihres Hundes weise, schonend und bewusst umzugehen.

Schritt 1: Beobachten Sie das unerwünschte Verhalten – was sehen und erkennen Sie?
Beobachten Sie das unerwünschte Verhalten Ihres Hundes ganz genau. Aber beobachten Sie, ohne zu werten und das Verhalten in »gut« oder »schlecht« zu kategorisieren. Kommen Sie stattdessen in die Rolle eines rein neutralen Beobachters, der einfach nur wahrnimmt.

- Was nehmen Sie bei Ihrem Hund wahr? Welche Emotionen können Sie erkennen? Bekommen Sie bestimmte Bilder oder Eingebungen? Welche Stimmlaute oder Körperzeichen können Sie erkennen? Was bedeutet diese Hundesprache?
- Was nehmen Sie bei sich selbst wahr? Wie reagieren Sie, wenn Ihr Hund dieses Verhalten zeigt? Was geschieht in Ihnen? Welche Gefühle und Emotionen nehmen Sie bei sich wahr? Welche Gedanken kommen in Ihnen hoch?
- Was nehmen Sie um sich herum wahr? Wie reagiert Ihr Umfeld auf dieses Verhalten? In welcher Umgebung zeigt Ihr Hund das unerwünschte Verhalten? In welcher Situation reagiert Ihr Hund immer gleich? Können Sie bestimmte Muster erkennen?
- Wie würden Sie nun sein Verhalten in einem Wort bezeichnen? Ist es Angst? Aggression? Beschützerinstinkt? Jagdtrieb? Trennungsangst? Ungehorsamkeit? Flucht?

Schritt 2: Erkennen Sie mögliche Ursachen für dieses Verhalten – woher kommt das Symptom?

Für unerwünschtes Verhalten Ihres Hundes gibt es drei mögliche Ursachen:

1. Sie lösen das unerwünschte Verhalten Ihres Hundes aus.

   Eine Möglichkeit ist, dass Sie direkt oder indirekt der Auslöser des unerwünschten Verhaltens sind, weil nicht alle Bedürfnisse Ihres Hundes erfüllt sind oder Ihr Verhalten bewusst oder unbewusst auf ihn abfärbt. Ist dies der Fall, dann geht es zunächst darum, dass Sie langsam beginnen, sich das einzugestehen. Ohne Schuldgefühle oder Vorwürfe, sondern mit dem Wunsch, daraus zu lernen und ein neues, harmonisches Leben mit Ihrem Hund zu führen. Sie erkennen, dass Ihr Hund Sie auf etwas aufmerksam machen möchte. Ihre Aufgabe ist es nun, Ihren Fokus auf sich selbst zu richten und darauf zu achten, was Ihr Hund braucht und wie Sie sein unerwünschtes Verhalten provozieren, auch wenn Sie es nicht absichtlich tun.

2. Eine traumatische Erfahrung löst das Verhalten Ihres Hundes aus.

   Traumatische Erlebnisse, die Ihr Hund nicht verarbeiten konnte, können sein unerwünschtes Verhalten auslösen. Das betrifft vor allem Hunde, die aus Tötungsstationen oder Tierheimen gerettet wurden. Sie haben oft große Qualen erlebt, die nicht gleich ungeschehen gemacht werden, wenn sie zu einem neuen Besitzer kommen. Stattdessen müssen Sie nun Ihrem Hund dabei helfen, alte Traumata loszulassen. Auch bei eingefahrenen Gewohnheiten ist Ihr Aktivwerden gefragt, damit sich Ihr Hund leichter an das neue Leben gewöhnen kann.

3. Ihr Hund zeigt ein völlig normales Verhalten, das Sie oder Ihr Umfeld als störend interpretieren.

Freuen Sie sich, dass Ihr Hund völlig »normal« ist und seine natürlichen Triebe und Charakterstärken auslebt. Dieses Verhalten darf aber trotz allem weder für ihn selbst noch für andere gefährlich sein. Sollten Sie mit seinem Verhalten nicht einverstanden sein oder es nicht zulassen wollen, dann suchen Sie gemeinsam mit Ihrem Hund passende Alternativen. Wir werden Ihnen an anderer Stelle einige vorstellen.

Schritt 3: Handeln Sie zum Wohl und zur Sicherheit Ihres Hundes – wie können Sie das Verhalten ändern?
Überlegen Sie, welche Schritte Sie setzen möchten, um mehr Liebe, Harmonie und Gesundheit in das Zusammensein mit Ihrem Hund zu bringen. Machen Sie sich dafür zunächst ein klares Bild davon, wie ein glückliches Zusammenleben für Sie aussieht. Wie soll sich das Verhalten Ihres Hundes ändern? Was wünschen Sie sich statt des unerwünschten Verhaltens? Wie würde es Ihrem Hund gehen, wenn er plötzlich das von Ihnen erwünschte Verhalten zeigte? Spüren Sie, was für Ihren Hund gut und stimmig ist. Und spüren Sie auch, was für Sie stimmig ist. In der Zwischenzeit haben Sie auch die Möglichkeit, das aktuelle unerwünschte Verhalten Ihres Hundes akzeptieren zu lernen. Denn je mehr Widerstand Sie diesem Verhalten gegenüber zeigen, desto schwieriger machen Sie es Ihrem Hund, ein anderes Verhalten zu zeigen.

Wenn Sie das Verhalten Ihres Hundes in mehr Liebe, Harmonie und Gesundheit ändern möchten, dann gehen Sie mit der richtigen Einstellung an die Sache heran. Achten Sie immer auf Ihre Intention, wenn Sie sich etwas Neues wünschen. Sie finden Ihre Intention leicht heraus, wenn Sie sich fragen, warum Sie sich denn ein anderes Verhalten von Ihrem Hund wünschen beziehungsweise warum Sie sich das aktuelle Verhalten nicht mehr wünschen.

Meist gehen Hundebesitzer mit der falschen Intention an die Sache heran. Statt aus der Situation lernen zu wollen oder etwas heilen zu lassen, wollen sie sie so schnell wie möglich verändern. Das bedeutet aber, dass das Problem lediglich unterdrückt wird und gerade nicht für immer verschwindet. Hier die häufigsten Besitzerfehler bei unerwünschtem Verhalten des Hundes, die Sie ab jetzt vermeiden können:

- Sie glauben, dass eine Verhaltensauffälligkeit etwas Schlechtes sei. Die Folge ist, dass Sie großen Widerstand zeigen. Sie gehen nicht mit ruhigem Kopf an die Sache heran, sondern sind mit Emotionen von Stress, Angst oder Wut beladen. Sie erkennen dann sicherlich nicht, dass das Verhalten Ihres Hundes mit Ihnen zusammenhängen könnte und er Sie wahrscheinlich nur auf etwas aufmerksam machen möchte. Somit werden Sie das Problem auf Dauer auch nicht lösen können.
- Sie glauben, dass Sie am Verhalten Ihres Hundes nichts ändern können. Sie finden sich damit ab: »Er ist halt so«, »Da kann man nichts machen« oder »Er hatte eine schwere Vergangenheit«. Sie beginnen dann, die Signale Ihres Hundes zu ignorieren. Sie schauen tatenlos weg, anstatt sich mit dem Verhalten und den Emotionen Ihres Hundes neugierig und aufgeschlossen auseinanderzusetzen. Doch Ihr Hund gibt nicht auf. Meist verstärkt er dann sogar seine unerwünschten Symptome, damit Sie hinschauen müssen. Oder sein Verhalten schränkt Sie in Ihrem Lebensstil so stark ein, dass er zu einer Last wird. Sie können nichts mehr ohne Ihren Hund unternehmen, sich nicht mehr mit Freunden treffen, keinen Urlaub mehr machen. Sie lassen sich von Ihrem Hund durch die Straßen zerren und leiden bereits unter starkem Rückenschmerzen, und das alles, weil Sie glauben, dass es nicht anders geht. Bieten Sie Ihrem Hund keine Alternative, wird er bei diesem Verhalten bleiben.

- Sie wollen so schnell wie möglich etwas gegen das Verhalten oder Symptom tun. Sie holen sich einen Trainer, der gegensteuern soll. Sie besorgen Medikamente, die die Symptome unterdrücken. Sie lassen Ihren Hund operieren. Sollten Sie immer so reagieren, gerade bei Verhaltensweisen oder Krankheiten, die chronisch und wiederkehrend sind, dann entgeht Ihnen die Gelegenheit, die Ursache des Problems tiefer zu erforschen. Es wird dann nur kurz besser. Ihr Hund wird sich sehr bald wieder unangebracht verhalten oder ähnliche Beschwerden an einer anderen Körperstelle entwickeln. Denn Heilung ist nicht geschehen, Sie haben lediglich Symptome kaschieren lassen.

- Sie wollen das Verhalten mit Druck, Gewalt, lautem Geschrei, ständigem Ermahnen und Zurechtweisen in den Griff bekommen. Und damit scheitern Sie tagtäglich. Sie schreien sich heiser und setzen unerlaubte Hilfsmittel ein, die auf Ihren Hund Druck und Gewalt ausüben. Doch nichts hilft wirklich. Sie sehen, wie Ihr Hund leidet, und sind auch selbst ständig unter Stress, da Sie von dem Gedanken beherrscht sind, den Hund zu unterwerfen. Die unvermeidbare Folge ist, dass Sie sich bei Ihrem Hund gänzlich unbeliebt machen.

  War Ihr Ziel denn nicht, einen Weg zu finden, wie Sie beide harmonisch zusammenleben können? Mit körperlichem und emotionalem Druck werden Sie dies unmöglich erreichen. Dass Sie zu diesen Mitteln greifen, ist nur ein Zeichen dafür, dass Sie überfordert sind. Sie sollten professionelle Hilfe aufsuchen oder unsere Anregungen in diesem oder anderen Büchern ausprobieren.

- Sie machen sich ständig Schuldgefühle. Sie denken, dass Sie als Rudelführer versagt haben, das Verhalten Ihres Hundes provozieren und ganz einfach nicht gut genug für Ihren Hund sind. Vielleicht erkennen Sie auch, dass Ihr Hund nur bei Ihnen so ist, und machen sich deswegen noch mehr Vorwürfe. Sie haben das Gefühl, Sie könnten Ihrem Hund kein glückliches und gesundes Leben bieten.

Sie denken, dass jeder andere es besser machen würde. Schuldgefühle helfen Ihnen aber nicht weiter. Sie halten Sie dort fest, wo Sie nicht sein wollen.

- Sie wenden gängige Erziehungsmethoden an, die Sie ungeprüft von Freunden, Hundeschulen, Büchern und Hunde-Gurus aus TV-Shows beziehen. Sie suchen nach dem ultimativen Verhaltensrezept, das für jeden Hund stimmt. Sie befolgen fremde Regeln, anstatt ihre eigenen aufzustellen. Vielleicht haben Sie vergessen, dass jeder Hund einen eigenen Charakter hat. Jeder Hund hat eine Persönlichkeit, eine unverwechselbare Seele, die typische Verhaltensmuster einer Rasse in den Hintergrund treten lässt. Sie müssen daher beginnen, mehr Ihrer eigenen Intuition zu vertrauen und auf das zu lauschen, was für Ihren Hund stimmig ist, abseits jeder Norm oder Pauschalregel.

- Sie vergessen, Krankheiten und Verhaltensprobleme auf psychosomatische und spirituelle Ursachen hin zu erforschen. Jedes Lebewesen ist eine Einheit aus Körper, Geist und Seele. Zeigt Ihr Hund ein anormales Verhalten, kann die Ursache rein physischer Natur sein oder aber auch geistig oder seelisch. Oft können Sie Mischformen erkennen. Heilung bedeutet, dass Körper, Geist und Seele wieder in Einklang kommen. Es reicht meist nicht, sich die Ursache nur auf schulmedizinischer, verhaltensbiologischer oder energetischer Ebene anzusehen. Am besten ist, Sie entwickeln ein Verständnis für alle möglichen Heilweisen.

- Sie denken, dass das Problem Ihres Hundes nichts mit Ihnen zu tun hat. Nun, das mag sein. Wenn Hunde beispielsweise aus einer Tötungsstation kommen, dann hat ihr aggressives Verhalten höchstwahrscheinlich nicht direkt etwas mit Ihnen zu tun. Auf einer unbewussten Ebene aber vielleicht doch. Denn Sie haben sich bewusst oder unbewusst für diesen Hund entschieden. Ihre Entscheidung ist (unbewusst) auf einen Hund gefallen, der beispielsweise aggressiv oder sehr ängstlich ist, unverträglich, chronisch krank oder der an diversen Lebensmittelunverträglichkeiten leidet. Belastet Sie sein Verhalten? Dann löst es Emotionen in Ihnen aus, die angesehen und geheilt werden wollen, genauso wie das Verhalten Ihres Hundes.

- Sie geben auf! Weil Sie mit dem Verhalten Ihres Hundes überfordert sind, weil es Sie extrem nervt, stresst oder einschränkt, spielen Sie mit dem Gedanken, ihn wegzugeben oder einschläfern zu lassen. Sie sehen keinen anderen Ausweg mehr oder sind nicht mehr bereit, etwas anderes auszuprobieren. Wahrscheinlich haben Ihnen alle gängigen Methoden, Hundetrainer und Ärzte nicht weiterhelfen können. Sie glauben, dass es ohne Hund oder mit einem anderen besser werden könnte. Nun, manchmal ist es wirklich das Beste, dass sich Hund und Besitzer trennen. Aber das ist eher die Ausnahme. Denn Ihr Hund hat eine Lebensaufgabe und Mission für Sie, die Sie zu mehr Wachstum, Einsicht und Entwicklung führen soll. Besser wird es dann werden, wenn Sie sein Verhalten als Gelegenheit sehen, mehr über sich selbst und Ihren Hund zu erfahren und gemeinsam aus der schwierigen Zeit zu lernen.

Im ersten Kapitel haben wir uns »in die Pfoten« des Hundes versetzt und seine vielfältigen Bedürfnisse angeschaut. Sie wissen, dass diese Bedürfnisse erfüllt werden sollten. Sie müssen dafür sorgen, dass Ihr Hund gesundes Futter bekommt, natürlich gepflegt und sinnvoll beschäftigt wird. Er braucht ausreichend Ruhe und Bewegung. Auch spirituell möchte sich Ihr Hund ausdrücken und seine Mission hier auf Erden bestmöglich erfüllen. Da Hunde soziale Wesen sind, wollen sie den Kontakt zu anderen Menschen und Artgenossen pflegen. Sie brauchen Liebe und Kuscheleinheiten. Darüber hinaus sehnen Hunde sich in der chaotischen Welt des Menschen nach Klarheit und Orientierung. Dazu brauchen sie »ihren« Menschen als souveränen Rudelführer. Sie geben als Hundebesitzer Ihrem Vierbeiner die Regeln, die er braucht, um sich sicher und gefahrlos durch die Welt zu bewegen.

Zusammengefasst sieht Ihre Aufgabe folgendermaßen aus:

- Sie führen Ihren Hund feinfühlig und bringen ihm Manieren bei, die seinem Wohl und seiner Sicherheit dienen.
- Sie können sich in Ihren Hund hineinversetzen und seine Gefühle oder innere Befindlichkeit verstehen.
- Sie setzen Ihre Ausstrahlung, Körpergesten und Stimme bewusst ein. Sie sprechen gewissermaßen die Sprache Ihres Hundes.
- Sie kennen die rassespezifischen Bedürfnisse Ihres Hundes und passen Ernährung, Bewegung, Beschäftigung und Ruhe daran an. Gleichzeitig verstehen Sie auch, dass Ihr Hund einen eigenen Charakter hat, und gehen gezielt auf seine individuellen Wünsche und Bedürfnisse ein.
- Zu guter Letzt verstehen Sie, dass Ihr Hund eine Mission hat. Ein Hund hält bedeutsame Botschaften für Sie bereit, die Ihnen helfen sollen, Blockaden zu meistern und gesünder sowie glücklicher zu leben. Das Spiegeln Ihres Verhaltens ist für Ihren Hund eine Möglichkeit, Ihnen etwas klarzumachen.

Das Spiegelverhalten Ihres Hundes verstehen

Für Hundebesitzer tritt eine schwierige Situation ein, wenn sie alles für ihren Hund tun und dennoch keine Besserung erkennbar ist. Meist ist dies ein Zeichen dafür, dass sie statt des Hundes mehr sich selbst in den

Blick nehmen sollten. Wo dies gelingt, wird deutlich, dass der Hund seinen Besitzer spiegelt. Hunde tun dies sehr oft, und Hundebesitzer, die sensibel hinschauen, haben die Chance, eigene, bisher unbewusste Verhaltensanteile in ihrem Hund zu erkennen, also ihren blinden Flecken auf die Spur zu kommen. Der Hund möchte seinem Besitzer etwas zeigen, das gesehen werden will. Es gibt einige Indizien, anhand derer Sie erkennen können, dass Ihr Hund Ihnen Ihre unbewussten Schattenanteile deutlich machen möchte. Wir haben sie bereits im Buch *Mein Hund hat eine Seele* erklärt und fassen sie hier noch einmal für Sie zusammen:

- Ihr Hund verhält sich nur bei Ihnen auf störende Weise. Bei anderen Menschen zeigt er dieses Verhalten nicht.
- Sie haben alles Mögliche ausprobiert, damit Ihr Hund sich anders verhält, jedoch ohne Erfolg.
- Sie haben das Gefühl, dass das Verhalten Ihres Hundes vielleicht etwas mit Ihnen selbst zu tun haben könnte.
- Das Verhalten Ihres Hundes kommt scheinbar aus dem Nichts oder tritt ohne äußerlich erkennbaren Grund auf.
- Andere Hunde, mit denen Sie zu tun haben, zeigen nach einer gewissen Zeit ein ähnliches Verhalten wie Ihr Hund.
- Das Verhalten Ihres Hundes macht Ihnen Probleme. Sie merken, dass Sie Emotionen, Gedanken und Reaktionen haben, die Sie innerlich bedrängen und die Sie am liebsten einfach wegschieben möchten.

Das einfache Spiegeln
Manchmal ist das Spiegelverhalten Ihres Hundes offensichtlich. Wenn Sie nervös sind, ist es Ihr Hund auch. Sobald Sie sich entspannen, wird er ebenfalls ruhig und legt sich gemütlich hin. Das können Sie als

»einfaches Spiegeln« sehen. Sie werden es problemlos erkennen können, wenn Sie wertfrei beobachten. Sie sehen dann beispielsweise, dass Ihr Hund nur dann an der Leine zieht, wenn Sie gerade gestresst sind, nicht aber, wenn Sie Zeit haben und selbst den Spaziergang genießen. Ihr Hund will Ihnen mit diesem Verhalten sagen: »Du bist gerade gestresst. Und schau, wie unangenehm es ist, gestresst zu sein. Entspann dich mal! Atme durch!«

Das tiefere gleiche Spiegeln
Manchmal ist das Spiegelverhalten Ihres Hundes für Sie selbst nicht offensichtlich, für einen Außenstehenden aber schon. Nehmen wir beispielsweise an, Sie sind seit Wochen leicht verstimmt, merken aber nur, dass Ihr Hund immer träger und apathischer wird. Sie denken sich zunächst nichts dabei und gehen schon bald über sein apathisches Verhalten hinweg. Doch nachdem noch der letzte Ihrer Bekannten nachgefragt hat, was denn mit Ihrem Hund los sei, werden Sie erneut auf sein atypisches Verhalten aufmerksam. Sie beginnen, sich intensiv damit auseinanderzusetzen, finden aber keinen Grund. Ihr Hund hat alles, was er braucht, um glücklich zu sein. Auch das Umfeld ist gleich geblieben. Doch wenn Sie weiter suchen, werden Sie die Ursache seines Verhaltens erkennen: *Sie* haben sich verändert! Seit einiger Zeit geht es Ihnen nicht so gut. Sie fühlen sich energielos, wie ausgelaugt, und können sich kaum noch aufraffen, etwas zu tun. Kaum wird Ihnen dies klar, fällt Ihnen auch auf, dass Ihr Hund genau zur gleichen Zeit – oder kurz nachdem Sie antriebslos wurden – seinerseits sein Verhalten veränderte. Sie beginnen, die Verbindung zu verstehen: Ihr Hund hat gespürt, dass etwas bei Ihnen nicht in Ordnung ist, und will Sie darauf aufmerksam machen. Er drückt Ihre Emotionen aus. Die Botschaft Ihres Hundes könnte etwa lauten: »Erkenne, dass es dir schlecht geht, und mach was, damit es dir wieder besser geht.«

Das tiefere ungleiche Spiegeln

Das tiefere ungleiche Spiegeln ist sowohl für den Besitzer selbst als auch für Außenstehende ein Rätsel. Irgendetwas passt nicht mit dem Hund, denken sich alle im Kreis der Familie und Freunde. Der Hund lebt in einer Gemeinschaft, in der alle lieb und nett zueinander sind. Es wird nie gestritten noch debattiert. Es ist alles Friede, Freude, Eierkuchen. Der Hund aber entwickelt sich immer mehr zum Außenseiter. Er geht beispielsweise grundlos auf andere Hunde los, was allen Familienmitgliedern und Freunden äußerst unangenehm ist. So unangenehm, dass das Thema so schnell wie möglich unter den Tisch gekehrt wird und niemand darüber reden will. Der Hund aber bleibt hartnäckig. Im Gegensatz zu seinem friedlichen Umfeld sucht er aktiv Konflikte und stellt sich ihnen. Er zeigt Zeichen von Aggression. Was der Hund hier spiegelt, ist ein gegenteiliges Verhalten. Die Menschen in seinem Umfeld leben offensichtlich in einer Scheinharmonie. Konflikte werden vermieden und die eigene Aggression in den Schatten verdrängt. Und genau diesen Schatten holt der Hund gewissermaßen ins Licht. Die Botschaft des Hundes könnte hier lauten: »Mir kannst du nichts vorspielen. Ich weiß, was in dir vorgeht. Ich sehe, was du verdrängst. Schau her, ich zeige es dir. Erkenne es bei dir selbst und mache es dir bewusst.«

Das Spiegel-Wissen der Hunde ist äußerst faszinierend. Wir haben selbst folgende Fälle miterlebt:

- Der Hund einer Frau, die vor Kurzem geschieden worden war, entwickelte scheinbar grundlos einen Hass auf Männer. Frauchen erlebte seinerzeit eine Phase, in der »alle Männer Schweine« waren.
- Der Hund einer angehenden Magersüchtigen fraß so viel, dass er eigentlich hätte platzen müssen. Er verschlang alles, was er fand, auch nicht Essbares. Sein Frauchen verstand dieses Verhalten nicht.

- Der langweilige Alltag eines Rentners, der mit dem eigenen Leben längst abgeschlossen hatte, wurde von seinem überdrehten und abenteuerlustigen Hund auf den Kopf gestellt.

Es steht außer Frage, dass Hunde den Menschen spiegeln. Viel interessanter aber ist es, der Frage nachzugehen, warum sie dies tun, und vor allem, woher sie die Fähigkeit dazu haben. Schließlich haben die meisten Hunde keine therapeutische Ausbildung absolviert, in der man ihnen beigebracht hat, wie sie ihren Besitzern bewusste oder unbewusste Persönlichkeitsanteile vor Augen führen.

Alle Hunde haben Botschaften an ihren Besitzer. Es ist nicht einfach so, dass sie die aktuellen Emotionen oder den Zustand ihres Besitzers ausdrücken, damit dieser sich dessen bewusst wird. Dahinter steckt mehr: Der Hund hat es sich zur Aufgabe gemacht, wichtige Botschaften an Herrchen und Frauchen zu übermitteln. Hunde wollen, dass wir das eigene Leben ins Positive verwandeln. Das ist die Mission vieler Vierbeiner.

Der erste Hund unserer Aufzählung wollte seiner Besitzerin klarmachen, dass sie über ihre Scheidung nicht hinweg war und sich endlich um ihre Männerprobleme kümmern sollte. Der Vierbeiner der angehenden Magersüchtigen warnte vor der Krankheit und kompensierte ihre beginnende Essstörung durch übermäßiges Fressen. Und der Hund des alten Mannes wollte seinem Herrchen wohl deutlich machen, dass das Leben auch nach der Pensionierung weiterhin lebenswert sein kann. Durch seine eigene Quirligkeit wollte er seinen Besitzer gewissermaßen »wiederbeleben«. Warum und woher Hunde zu so etwas in der Lage sind, ist wissenschaftlich (noch) ungeklärt. Wir nennen diesen intuitiven und weisen Teil des Hundes seine Seele. Die Seele ist es, die über dieses allumfassende Wissen verfügt. Die Seele ist es, die durch solche scheinbar rätselhaften Verhaltensimpulse, Botschaften, Zeichen und Instinkte des Hundes mit uns in Kontakt tritt. Die Seele des Hundes klopft sozusagen bei der Seele des Menschen an, damit etwas geschieht. Es ist sehr berührend zu erfahren, warum ein Hund den Menschen spiegelt: *»Damit wollen wir (Hunde) erreichen, dass unsere Besitzer gesünder, glücklicher und erfüllter leben.«* Die Hunde tun das aus purer, bedingungsloser Liebe uns Menschen gegenüber. Eine reine und edle Eigenschaft der Hunde. Und wir dürfen grenzenlos dankbar dafür sein.

Was Sie als Erstes tun können, wenn Sie glauben oder wissen, dass Ihr Hund Sie spiegelt

Wir empfehlen Ihnen, diese Übung nicht in brenzligen Situationen durchzuführen, in denen Ihr Hund Sie spiegelt. Sie sind dann wahrscheinlich zu sehr abgelenkt und müssen vor allem höchstwahrscheinlich rasch eingreifen, um sich selbst, Ihren Hund und andere Beteiligte zu schützen. Es fehlen Ihnen dann der klare Kopf und der nötige Raum, den Sie für die Übung benötigen. Wir werden Ihnen im Lauf dieses Kapitels Techniken vorstellen, die Sie dann auch im akuten Notfall anwenden können.

- Wenn Sie wissen oder vermuten, dass Ihr Hund Sie in der einen oder anderen Situation spiegelt, dann setzen Sie sich zu Hause ruhig hin, atmen mehrmals tief ein und aus und rufen dann Ihren Hund zu sich. Auch er sollte entspannt sein.
- Schauen Sie Ihren Hund an und sprechen Sie: »Ich vermute, dass du mich mit diesem Verhalten spiegelst. Ich weiß, dass du mir damit etwas deutlich machen möchtest. Und ich danke dir dafür.«
- Atmen Sie tief ein und aus. Werden Sie sich klar, dass Ihr Hund sein Verhalten aus Liebe zeigt, damit Ihnen etwas bewusst(er) wird.
- Versetzen Sie sich in die Situation hinein, in der Sie den Eindruck hatten, Ihr Hund würde Sie spiegeln. Achten Sie darauf, ob Ihnen bestimmte Emotionen, Bilder oder Eingebungen kommen.

Vertrauen Sie darauf, dass die richtige Eingebung Sie genau jetzt erreicht. Sie brauchen sie noch nicht zu verstehen; lassen Sie einfach zu, dass sie da ist.

- Ganz gleich, was Sie sehen oder nicht: Atmen Sie ruhig ein und aus mit der Absicht, genau jetzt alle Gefühle, Bilder und Eingebungen, die mehr Heilung, Klarheit und Liebe in die Situation bringen können, mit weiten und offenen Armen anzunehmen. Sie bejahen alles genau so, wie es ist. Sie sind in Sicherheit, Ihnen und Ihrem Hund kann nichts geschehen. Sie können sich trauen, jetzt alles wahrzunehmen.

- Achten Sie auch auf Empfindungen in Ihrem Körper. Sollten Sie irgendwo in Ihrem Körper ein Ziehen, einen Schmerz oder etwas anderes verspüren, dann atmen Sie so lange in diesen Impuls hinein, bis er leichter wird.

- Fragen Sie Ihren Hund, ob er weitere Botschaften, Bilder oder Eingebungen für Sie hat, und lassen Sie sich überraschen, was kommt.

- Kommen Sie dann wieder ins Hier und Jetzt zurück. Manchmal muss diese Übung mehrmals wiederholt werden, damit sich alles klären kann. Wiederholen Sie die Übung so oft, bis Sie das Gefühl haben, dass keine Reaktionen, Empfindungen oder Emotionen mehr hochkommen.

- Danken Sie nun Ihrem Hund und sich selbst für die Bereitschaft zu mehr Offenheit und Wachstum im Leben. Machen Sie sich Notizen, wenn Sie etwas erkannt haben, und notieren Sie auch die Lösung, sollte Ihnen bereits eine untergekommen sein.

- Bleiben Sie noch einige Minuten gemütlich sitzen und lassen Sie die Übung nachwirken. Achten Sie in den nächsten Tagen auf Zeichen, Eingebungen, Lösungen, die Ihnen bewusst oder zufällig unterkommen. Sie können Ihnen helfen, die unerwünschte Situation zu verändern.

Im Folgenden möchten wir ganz konkret auf die häufigsten unerwünschten Verhaltensweisen der Hunde eingehen, deren Ursache sowie Botschaft untersuchen und was Sie praktisch tun können, wenn Sie dieses Verhalten stört.

Die häufigsten Verhaltensprobleme, ihre Ursache und ihre Lösung

Ziehen an der Leine (Leinenführigkeit)

Idealerweise ist die Leine Ihres Hundes stets leicht durchhängend und locker, wenn Sie mit ihm spazieren gehen. Sie sollten gemeinsam gemütlich und gelassen den Spaziergang genießen. Vielfach schaut der Alltag aber anders aus: Hunde, die ziehen, und Besitzer, die genauso ziehen oder sich ziehen lassen. Beide sind überfordert und leiden sehr bald an Schmerzen in Schultern und Nacken. Der Spaziergang ist alles andere als schön und gelassen. Da ist nichts mehr locker.

Die Leine wird schnell zum Erziehungsmittel. Sie wird eingesetzt, um zu ermahnen und den Ton anzugeben. Dafür ist aber eine Leine nicht gedacht. Sie dient nur Ihrer Sicherheit und der Ihres Hundes.

Jeder Hund kann und muss lernen, zuverlässig an lockerer Leine zu gehen. Das gilt für einen Chihuahua genauso wie für eine Deutsche Dogge. Auch falls das Ziehen an der Leine seitens Ihres Hundes Ihnen persönlich nichts ausmachen sollte, Ihr Hund leidet darunter.

Warum zieht Ihr Hund Sie weiter? Die meisten Hundebesitzer empfinden es als normal, vom Hund gezogen zu werden, aber nur deswegen, weil sie es nicht anders kennen. Das Verhalten wird in diesem Fall nicht als auffällig eingestuft, sondern als völlig normal. Doch das ist es nicht. Und vor allem ist es nie ohne Folgen für den Hund.

Gefahren für Ihren Hund, wenn er an der Leine zieht

- Verletzungen, Verschiebungen und Verspannungen an der Halswirbelsäule,
- Bandscheibenvorfälle sowie Atembeschwerden,
- Kehlkopf- und Schilddrüsenprobleme sowie chronische Kopf- und Rückenschmerzen,
- Sehstörungen durch einen erhöhten Augendruck,
- allgemeiner Schmerz, der in Aggression anderen Hunden gegenüber ausarten kann.

Gefahren für Sie

- Muskel- und Gelenkprobleme vor allem im Schulterbereich,
- Sturzgefahr durch ruckartiges Ziehen vom Hund,
- Verlust an Freude, mit dem Hund spazieren zu gehen.

Beobachtungen und mögliche Fehlinterpretationen

- Wenn Ihr Hund zieht, weil er einer Spur oder gar einer laufenden Beute hinterher ist, dann hat das nicht direkt mit Leinenführigkeit zu tun, sondern mit seinem Jagdtrieb.
- Bei Flexileinen kann Ihr Hund nicht wissen, wie weit er gehen darf. Sie sollten sie durch eine normale Leine mit einer fixen Länge von 1,5 bis 2 Meter ersetzen.
- Wenn Ihr Hund zieht, weil er Angst hat oder schreckhaft ist, dann lesen Sie bitte den übernächsten Abschnitt »Angst«.
- Beobachten Sie, ob Ihr Hund sein Halsband als angenehm empfindet. Manche Hunde bevorzugen schmale Bänder, andere breitere. Andere wiederum bevorzugen Brustgeschirre.
- Hat Ihr Hund Schmerzen und versucht, diese Schmerzen zu vermeiden? Oder flüchtet er gar vor Ihnen, weil Sie ihm seine Individualdistanz nicht lassen? Und wie sind Sie drauf beim Spaziergang? Flüchtet er vielleicht vor Ihrem Stress?

Ursachen, wenn Ihr Hund oft an der Leine zieht:

Bedürfnis-pyramide	Ursachen	Lösung
körperlich	Ihr Tempo ist dem des Hundes nicht angepasst.	Gehen Sie schneller, damit Ihr Hund gemütlich neben Ihnen hertraben kann.
	Ihr Hund ist unausgelastet und unausgeglichen.	Geben Sie Ihrem Hund die Möglichkeit, sich im freien Auslauf mehr auszupowern.
	Ihr Hund mag das Halsband oder Brustgeschirr nicht.	Besorgen Sie ein angenehmeres Halsband oder Brustgeschirr.
psycho-logisch	Ihr Hund fühlt Sie nicht geführt und sicher.	Entscheiden Sie sich, ein guter Rudelführer zu werden.
	Ihr Hund ist gestresst und schreckhaft.	Signalisieren Sie Ihrem Hund Schutz und Sicherheit.
	Ihr Hund kommt mit seiner (neuen) Umgebung nicht klar.	Lassen Sie ihm Zeit, sich zu gewöhnen, und überfluten Sie ihn nicht mit zu vielen Reizen.
kommu-nikativ	Ihr Hund langweilt sich beim Spaziergang.	Bringen Sie mehr Kreativität und Abwechslung in den Spaziergang.
	Die Leine wird als Kommunikationsmittel eingesetzt.	Führen Sie mit Wort- und Körperanweisungen sowie Ausstrahlung.
	Sie sind zu hektisch im Umgang mit dem Hund, selbst nervös oder gestresst.	Kommen Sie wieder zur Ruhe und entspannen Sie sich.

Bedürfnis- pyramide	Ursachen	Lösung
päda- gogisch	Ihr Hund hat gelernt zu ziehen.	Bringen Sie Ihrem Hund bei, dass Ziehen nichts bringt. Nur wenn die Leine entspannt ist, geht es weiter.
	Ihr Hund benötigt mehr Distanz zu Ihnen.	Geben Sie Ihrem Hund den Abstand, den er gemäß sei- ner eigenen Individualdistanz braucht.
	Sie setzen die Leine als Erziehungsmittel ein.	Machen Sie sich klar, dass eine Leine nur der Sicherheit Ihres Hundes dient.

Erkennen Sie sich in Ihrem Hund

Die seelische Botschaft eines Hundes, der zieht, ist folgende: Er will Ihnen klarmachen, dass Sie nicht präsent sind. Sie sind die meiste Zeit über mit Ihrer Aufmerksamkeit woanders – in der Zukunft, in der Vergangenheit oder bei jemand anderem – und verlieren sich daher auch in Ihren Gedanken. Sie haben dann auch die Verbindung zu sich selbst und zur Gegenwart verloren. Ihr Hund zieht, damit Sie wieder zurück zu sich selbst kommen. Sie spüren das Ziehen in Ihrem Kör-per. Sie erkennen mit Ihrem Körper, was gerade jetzt vor sich geht, und somit werden Ihre Gedanken wieder in den Moment gezogen. Besser gesagt: Ihr Hund reißt Sie aus Ihrem Gedankenstrom zurück ins Hier und Jetzt. Dies ist besonders dann der Fall, wenn der Hund immer wieder in die Leine springt. Zieht er hingegen ständig, denken Sie wahrscheinlich die meiste Zeit über nicht an schöne Dinge, son-dern stehen mehr unter Spannung. Der starke kontinuierliche Zug der Leine symbolisiert die Angespanntheit, die in Ihnen herrscht. Das Le-ben meint es manchmal nicht gut mit Ihnen, doch das Leben gestal-ten Sie sich auch selbst. Durch das Ziehen möchte Ihr Hund Sie darauf aufmerksam machen, dass Sie wieder mehr die Zügel in die Hand nehmen sollten. Statt dass Sie sich als Opfer Ihrer Lebensumstände verstehen, möchte er, dass Sie Ihr Leben selbstbestimmt in die Hand nehmen und führen. Das gibt Ihnen gleichzeitig auch Selbstsicherheit und ein Gefühl der Macht. Folglich sind Sie weniger gestresst, angespannt und verunsichert. Ihr Hund braucht dann nicht mehr zu ziehen, weil Sie das Leben in der Hand haben, fokussiert Ihren eigenen Weg gehen und sich nicht von stressigen Gedanken ablenken lassen.

Wenn Sie die seelische Botschaft Ihres Hundes verstanden haben, können Sie Folgendes tun: Achten Sie bei einem an der Leine ziehenden Hund in jedem Moment auf Ihre Gedanken. Wie frei sind Sie im Kopf? Was geht in Ihnen vor? Welche Unruhe herrscht in Ihrem Geist? Haben Sie das Gefühl, Sie führen Ihr Leben selbstbestimmt und haben die Zügel in der Hand? Wollen Sie die Verantwortung für Ihr Leben übernehmen oder lieber Opfer Ihrer Lebensumstände sein? Wie gelassen und unbeschwert sind Sie? Sind Sie präsent und anwesend?

Bevor Sie nun aber Ihr ganzes Leben umkrempeln, beginnen Sie zuerst einmal, Ihre Spaziergänge mit Ihrem Hund bewusster zu gestalten.

Bewusst spazieren gehen

Wenn Sie das nächste Mal mit ihm rausgehen, nehmen Sie sich Folgendes vor:

- Zu Beginn und auch während des Spazierens tief ein- und auszuatmen und sich selbst mehr zu spüren.
- Alle Gedanken, die nichts mit dem Moment zu tun haben, fallen und vorbeziehen zu lassen. Wichtige Gedanken können Sie sich auf einen Zettel schreiben, um sie später, nach dem Spaziergang, bewusst anzusehen.

- Ihren Hund bewusst wahrzunehmen und sich bildlich vorzustellen, wie Sie als Einheit (statt getrennt) miteinander spazieren gehen.
- Sagen Sie sich dabei folgende Sätze: »Ich bin ganz bei mir.« – »Ich entscheide mich, hier und jetzt gelassen zu sein und zu genießen.« – »Es ist mein Recht, stressfrei mit meinem Hund Zeit zu verbringen.« – »Ich bin mir meiner Führungsstärke bewusst und nutze sie zu meinem Besten und zu dem meines Hundes.« – »Ich weiß, wie es geht, mein Leben selbstbestimmt zu führen.«

Eignen Sie sich auch Bewusstseinstechniken wie Yoga, Autogenes Training, Meditation oder Atemübungen an und bringen Sie Ihren Geist mehr in Ihren Körper durch Aktivitäten, die Ihnen Spaß machen, wie etwa Tanz, Gesang, Sex, Sport.

Aggression

Mithilfe von Aggression kann ein Hund Frust, Wut, Trauer oder Schmerz, den er in sich trägt, zum Ausdruck bringen. Aggression an sich ist keine Verhaltensstörung. Sie ist ein vielmehr ein natürliches Verhaltensmerkmal. Aggression kann einem Lebewesen helfen, sich vor Gefahren zu schützen, sein Revier zu verteidigen, einem anderen seine Grenzen aufzuzeigen und dynamisch zu sein. Aggression ist eine Form von Lebensenergie, die es ermöglicht, vorwärtszukommen und zu überleben. Aggression ist daher selbstverständlich. Es sei denn, diese Energieform wird nicht konstruktiv genutzt, sondern destruktiv. Dann deutet Aggression auf einen Konflikt hin. Dieser Konflikt wird entweder gegen sich selbst ausgetragen (Autoaggression) oder gegen andere Lebewesen und Gegenstände. Die Folge sind körperliche und seelische Verletzungen.

Der Mensch deutet Aggression üblicherweise negativ. Denn er weiß nicht, wie er mit dieser Energie umgehen soll, und unterdrückt sie lieber. Unsere westliche Gesellschaft lässt Aggression nicht zu. Doch auch Aggression braucht einen Ausdruckskanal. Sie ist eine sehr kraftvolle Energie, die in uns schlummert und positiv genutzt werden will. Und wir können lernen, dies konstruktiv zu tun. Tun wir es nicht, dann verwandelt sich Aggression in eine destruktive Kraft. Diese Kraft staut sich auf und überflutet unkontrolliert Körper und Geist. Damit werden Hunde mit unterdrückter Aggression zu einer Gefahr für sich selbst und andere.

Gefahren für Ihren Hund, wenn er destruktiv aggressiv ist

- Isolation, Einsamkeit und eingeschränkter Sozialkontakt zu anderen Hunden und Menschen,
- bei schlimmen Aggressionsformen wird der Hund eingeschläfert oder beschlagnahmt,
- der Hund wird in seinem Verhalten unberechenbar und kann damit andere verletzen oder sogar töten,
- Krankheiten wie Krebs oder Verdauungsstörungen sind psychosomatische Folgen von Aggression.

Beobachtungen und mögliche Fehlinterpretationen

- Ein möglicher Auslöser von Aggression kann Angst sein. Diese erkennen Sie unter anderem an der Körpersprache Ihres Hundes: zusammengezogener Körper, eingeknickte Beine, eingezogener Schwanz bis unter den Bauch geklemmt, Stressgesicht (angespannte Muskeln), Maulwinkel immer weiter nach hinten gezogen mit klar sichtbaren Zähnen, erweiterte Pupillen.

- Hunde können im Spiel sehr wild sein. Obwohl dies keine Aggression ist, sollte man sie zurückrufen, damit es nicht zur Gewohnheit wird.
- Zwei Hunde, die aufeinandertreffen, wollen sofort wissen, mit wem sie es zu tun haben. Und wenn sie länger zusammen sind, muss auch geklärt werden, wer welche Rolle im Rudel hat. Meist reicht es, sich gegenseitig zu beobachten und einander zu imponieren, um die Rangordnung zu klären. Aber wenn beide Hunde auf Augenhöhe sind und nicht klar ist, was sie unterscheidet, dann müssen sie ihre Kräfte aktiv messen. Und hier geht es nicht darum, den anderen zu verletzen, sondern ihm zu zeigen, welche Stärken und Schwächen man hat.
- Welpenschutz konnten wir zwischen fremden Hunden nicht beobachten – das gibt es nur innerhalb einer Hundefamilie. Sehr oft mögen erwachsene Hunde die kleinen sogar nicht und weisen sie zurecht, sobald sie sich nicht so verhalten, wie der erwachsene Hund es möchte.
- Klären Sie bei Aggression unbedingt ab, ob es neben psychosomatischen Ursachen auch zusätzlich körperliche gibt. Ist biologisch alles in Ordnung mit Ihrem Hund? Ist sein Testosteronpegel in Ordnung? Leidet Ihre Hündin an Hormonschüben? Arbeitet die Schilddrüse so, wie sie arbeiten soll?

Ursachen, wenn Ihr Hund oft aggressiv auf Sie, andere Hunde oder andere Menschen reagiert

Bedürfnis-pyramide	Ursachen	Lösung
körperlich	Der Hund bekommt falsches Futter, das seinen Hormonspiegel aus dem Gleichgewicht bringt.	Ernähren Sie Ihren Hund möglichst einfach und naturnah und bewegen Sie ihn genug.
	Der Hund hat körperliche Schmerzen und will deswegen jeden fernhalten, der ihm durch Berührung Schmerz zufügen könnte.	Lassen Sie Ihren Hund von einem guten Physiotherapeuten und Tierarzt untersuchen, um eventuelle Schmerzen auszuschließen.
	Der Hund verhält sich lediglich seiner Rasse entsprechend, wie sie über Jahrhunderte gezüchtet wurde. Dies gilt etwa bei Schäferhunden oder Hütehunden.	Informieren Sie sich vor der Anschaffung eines Hundes, ob das Sozialleben dieses Hundes mit Ihren eigenen Bedürfnissen übereinstimmt.
psychologisch	Ihr Hund fühlt sich für den Schutz seines Rudels samt Ihnen als Besitzer verantwortlich.	Übernehmen Sie die Führung und zeigen Sie Ihrem Hund, dass Sie Verantwortung übernehmen können.
	Ihr Hund ist mit seiner Umwelt überfordert und kommt nicht genügend zur Ruhe.	Zeigen Sie Ihrem Hund, dass Sie alles unter Kontrolle haben und dass er sich entspannen kann.
	Ihr Hund hat Angst um sein Überleben oder darum, das zu verlieren, was er gerade hat.	Geben Sie Ihrem Hund alles, was er braucht, um sich wohlzufühlen, auch das Gefühl, dass Sie immer für ihn sorgen werden.

kommunikativ	Beschwichtigungssignale vom Hund werden nicht offen zugelassen.	Informieren Sie sich über die Beschwichtigungssignale. Motivieren Sie Ihren Hund, sie einzusetzen, erkennen Sie sie bei Ihrem Hund und arbeiten Sie selbst damit.
	Ihr Hund hat nicht gelernt, mit anderen Hunden zu kommunizieren und Konflikte zu umgehen.	Sozialisieren Sie Ihren Hund bereits im jungen Alter und führen Sie dies dann fort.
	Die Hundesprache wird von Ihnen falsch gedeutet.	Hören Sie Ihrem Hund zu und erkennen Sie, wann es ihm zu viel wird.
pädagogisch	Es liegt Gewalt im Umgang mit dem Hund und in der Erziehung vor.	Verzichten Sie auf jegliche Gewalt im Umgang mit Ihrem Hund, dann wird er sie auch nicht lernen.
	Gesunde Aggression wird unterdrückt statt respektiert.	Bringen Sie Ihrem Hund Respekt bei, indem Sie Ihre Führungsrolle klar ausstrahlen, Grenzen setzen und ihm Grundkommandos beibringen.
	Ihr Hund hat zu viel Narrenfreiheit, es fehlen ihm klare Grenzen.	Helfen Sie Ihrem Hund, die Energie seiner Aggression positiv zu nutzen, z. B. als Antrieb, Neues zu lernen oder als Hund zu arbeiten (Treibspiele, Dummytraining, Rettungsarbeit).
	Ihr Hund wird unbewusst für seine Aggression gelobt, z. B. durch »Ist schon gut«. Ihr Hund muss »aushalten« oder dulden.	Nehmen Sie Ihren Hund aus Situationen heraus, die ihm zu großen Stress bereiten, und setzen Sie sich anschließend das Ziel, ihn langsam an diese Situationen zu gewöhnen.

Erkennen Sie sich in Ihrem Hund

Haben Sie einen aggressiven Hund, möchte Ihnen Ihr Hund auf seelischer Ebene deutlich machen, dass Sie Ihre Lebensziele verwirklichen, anderen überzeugender ihre Grenzen aufzeigen oder mutig Ihren eigenen Weg im Leben beschreiten sollten. Besitzer von aggressiven Hunden tun sich oft schwer damit, ihre eigene natürliche Aggressionsenergie konstruktiv zu nutzen. Sie wenden diese Energie entweder gegen sich selbst, um sich zu verletzen, oder gegen andere, um neue Konflikte zu schüren. Sie müssen daher zuerst lernen, ihre eigene Aggression als Kraft zu spüren oder auch einmal ihre Wut zu zeigen, ohne dass sie sich in dieser Emotion verlieren.

Statt sich ständig mit anderen zu streiten, beobachten Sie einmal, ob Sie sich wirklich den wichtigen Dingen im Leben widmen. Wie mutig sind Sie beispielsweise, wenn es darum geht, Ihr eigenes Leben zu leben und sich Ihre Träume und Wünsche zu erfüllen? Was möchten Sie gern anpacken, und in welchem Lebensbereich wollen Sie vorankommen? Worüber sind Sie tatsächlich wütend, und wie können Sie diese Wut in heilsame Vergebung transformieren? Haben Sie Angst, Ihren Besitz oder das, was Sie bisher erreicht haben, zu verlieren?

Wenn Sie der Ursache Ihrer eigenen Wut nicht nachgehen, wird Ihr Hund Sie dorthin bringen. Er wird Ihre Wut an die Oberfläche bringen. Er macht Sie darauf aufmerksam, dass Sie Ihre Aggression zu sehr destruktiv statt konstruktiv einsetzen. Er muss daher für Sie Grenzen setzen, sich verteidigen, dynamisch und mutig sein und Konflikte austragen, weil Sie ihnen vielleicht aus dem Weg gehen oder ihren Sinn nicht verstanden haben. Hunde, die sich so verhalten, haben viel Mut, denn sie machen sich mit ihrem Verhalten äußerst unbeliebt. Aggressive Vierbeiner werden von der Gesellschaft ausgeschlossen. Doch obwohl es für einen Hund ein schreckliches Gefühl ist, nicht geliebt zu werden, ist er bereit, sich so zu verhalten, um Ihnen zu helfen. Er nimmt es in

Kauf, nicht mehr geliebt zu werden, wenn das der beste Weg ist, Ihnen als seinem Herrchen aufzuzeigen, dass Sie etwas blockiert. Er lebt mit der Hoffnung, dass Sie erkennen werden, dass Ihre destruktive oder unterdrückte Aggression sich nach Vergebung, Liebe und neuen Ausdrucksformen sehnt. Wenn Sie die seelische Botschaft Ihres Hundes verstanden haben, können Sie Folgendes tun:

Wenn Sie bisher nie oder sehr selten Wut gezeigt haben, Sie aber einen aggressiven Hund haben, dann achten Sie genauer darauf, ob Ihr Frust und Ihre eigene Aggression nicht vielleicht in Ihr Unterbewusstsein »gerutscht« sind. Es ist durchaus möglich, dass Ihr Hund Sie auf Ihre innere Aggression aufmerksam machen möchte, die Sie unterdrückt haben. Besonders harmoniebedürftige und sensible Menschen, die von einer Welt voller Licht und Liebe träumen, tragen oftmals unbewusste Aggressionen in sich. Sie meiden Konflikte, wo es nur geht, und empfinden andere Menschen, die hin und wieder mal die »Luft rauslassen«, als äußerst unangenehm.

Ein guter Umgang mit eigener Aggression

Sind Sie pure Harmonie, Ihr Hund jedoch nicht, und stört Sie sein Verhalten sehr, dann dürfen Sie sich zunächst einmal auf sich selbst besinnen. Klären Sie für sich folgende Fragen ab:

- Warum lehne ich meine eigene Wut ab?
- Was macht mich aggressiv, ohne dass ich dies zeigen möchte?
- Welchen alten Frust trage ich in mir?

Im nächsten Schritt können Sie sich in Situationen bringen, in denen Sie sich Ihrer eigenen Aggression bewusster werden. Lassen Sie es zu, Wut zu spüren und auch einmal wütend zu sein. Geben Sie Ihrer Wut einen geschützten, heilenden Raum, in dem sie zum Ausdruck kommen kann. Widmen Sie sich Aktivitäten, die Ihrer Aggression den

> richtigen Ausdruckskanal geben. Powern Sie sich beim Sport aus, erlernen Sie eine Kampfkunst, machen Sie eine dynamische Meditation (entwickelt vom Guru Osho), bei der Sie unter anderem auch mal so richtig schreien müssen. Oder schlagen Sie einfach auf Ihr Kissen ein, mit Schreien und Brüllen und allem, was rauskommen will.

Nähern Sie sich Ihrer eigenen Wut an, ohne sie abzulehnen, schaffen Sie lieber Akzeptanz. Geben Sie Ihrer eigenen Wut Ihr Einverständnis, sich in einem kontrollierten Maße zeigen zu dürfen. Geben Sie Ihrer Wut eine Chance, wieder zu heilen. Und heilen kann sie nur dann, wenn Sie beginnen, Ihre Wut genauso zu mögen wie beispielsweise Ihre Freundlichkeit zu anderen Menschen.

Sind Sie selbst dauernd wütend und haben Sie einen aggressiven Hund, dann spiegelt Ihr Hund Ihr Verhalten. Sie haben wahrscheinlich die innere Balance verloren, und Ihr Hund zeigt Ihnen dies mehr als deutlich. Vielleicht stammen Sie aus einer Umgebung oder einem familiären Umfeld, in dem Konflikte selbstverständlich sind. Sie haben dann wahrscheinlich auch gelernt, diese mit Aggression und Angriff zu lösen. Sprich, Ihre Emotionen der Wut sind so stark, dass Sie sich in ihnen verlieren. Sie lassen sich von ihnen kontrollieren und verlieren dadurch den Kontakt zu Ihrer eigenen Gefühlswelt. Ihre Gefühle beherrschen Sie statt umgekehrt. Sie müssen wieder lernen, über Ihren eigenen Gefühlen zu stehen, sie zwar zu spüren und auszudrücken, aber nicht auf eine destruktive Art und Weise, sondern heilend. Und das geht nur, indem Sie Ihr eigenes Bewusstsein schulen. Sie müssen lernen, mehr Beobachter Ihrer Aggression zu werden statt nur deren Marionette. Wenn Sie wieder einmal wütend und frustriert sind, müssen Sie es unterlassen, anderen Menschen, Tieren oder was auch immer die Schuld dafür zu geben und Ihre eigene Aggression auf andere(s) zu projizieren. Es wird Ihnen selbst und allen anderen nichts bringen. Sie lernen auf diese Weise aus der Situation nichts über sich selbst, sondern verurteilen lediglich andere für ihr Verhalten. Die Menschen und Situationen, die in Ihnen Wut auslösen, sind nur Auslöser Ihrer Wut, nicht aber Verursacher. Sie selbst tragen Aggression in sich und sind somit dafür verantwortlich, was Sie damit machen. Sie sollten lernen,

1. sich Ihrer Wut und Aggression bewusst zu werden,
2. sich nicht auf den Auslöser zu fokussieren, sondern auf Ihr Innenleben,
3. die Wut zu spüren und in sie hineinzuatmen,
4. Ihr Raum zu geben für Verständnis und Liebe,
5. mit ihr in tieferen Kontakt zu treten und ihr einen heilenden Blick zu schenken,
6. sie aus einer höheren Perspektive heraus zu beobachten,
7. und im letzten Schritt zu verstehen, wie Sie aus Ihrer Wut hinauswachsen und sich zu jenem Menschen entwickeln können, der sich selbst mehr Gelassenheit, Einsicht und Selbstreflektion zugesteht.

Angst

Jedes Lebewesen hat Angst. Angst gehört zum Leben, genauso wie die Freude. Angst schützt uns vor Gefahren und macht vorsichtig. Sie ist für unser Überleben wichtig. Die Angst vor Situationen, die sich im Hier und Jetzt ereignen, wie beispielsweise ein Unwetter oder eine gefährliche Situation im Straßenverkehr, mobilisiert und macht uns handlungsfähig. Doch wir Menschen haben die meiste Zeit Angst vor solchen Dingen, die sich gerade nicht im Hier und Jetzt ereignen. Wir fürchten uns vor Dingen, die eventuell in der Zukunft geschehen könnten, oder nehmen Ängste aus der Vergangenheit mit, die in der Gegenwart nicht mehr relevant sind. Wenn Sie beispielsweise immer wieder an den falschen Partner geraten sind und diese Beziehungen nicht richtig verarbeitet haben, dann werden Sie eine Angst vor neuen Beziehungen entwickeln, weil Sie nicht verletzt werden wollen. Diese Angst ist aber nur zum Teil berechtigt. Sie sind jetzt vielleicht anders als in der letzten Beziehung. Die Welt hat sich verändert. Die Energie hat sich verändert. Außerdem haben Sie eine andere Person zum Partner gewählt.

Tatsächlich haben wir die meiste Zeit über keine Angst vor anderen Menschen, Tieren oder Dingen, sondern davor, verletzt zu werden. Weil wir schon einmal verletzt wurden, versucht das Unterbewusstsein, in Zukunft Schmerz zu vermeiden. Wenn wir uns klarmachen, dass viele unserer Ängste nicht real, sondern nur in unserem Kopf oder in unserem Unterbewusstsein existieren, mindern wir die Angst. Sie wird schwächer oder vergeht ganz, obwohl sich an unserer äußeren Situation nicht unmittelbar etwas geändert hat.

Ein anderes Wort für Angst ist Enge. Wer Angst hat, fühlt sich in seinem Handeln und Sein eingeengt. Er sieht keinen Ausweg mehr. Auch wenn es vielleicht viele Auswege gäbe – Angst macht blind. Angst sieht nur Enge und lässt daher auch eng denken und handeln. In der Enge ist kein Platz für Lösungen.

Viele Menschen erfahren in ihrem Leben eine Enge, die Folge ihrer Angst ist. Sie leben eng, führen ein eingeschränktes Leben, haben enge Auffassungen über sich selbst und wachsen nur sehr langsam aus Angst vor Veränderung. Hunden geht es ebenso. Sie fürchten sich vor Mülltonnen, weil einmal eine auf sie gefallen ist. Sie fürchten sich vor dem Dunklen, weil sie die Weite nicht mehr sehen. Sie fürchten sich vor anderen Hunden, weil sie schon mal gebissen wurden. Und sie leben dadurch ein Leben in Angst, Panik und Enge.

Um aus der Angst herauskommen, braucht es mehr Weite. Wenn Angst Enge bedeutet, dann ist Weite mit Liebe gleichzusetzen. Wer also sich und seinen Hund aus der Angst befreien will, der muss beginnen, mehr Liebe zuzulassen, um wieder mehr Weite zu erfahren.

Liebe ist das einzige Heilmittel gegen Angst. Keine Psychopharmaka. Sondern Liebe und Bewusstheit für jene Dinge, die Ihnen Angst bereiten, bewirken Veränderung.

Gefahren für Ihren Hund, wenn er verängstigt ist

- Leidet ein Hund immer wieder oder gar ständig an Angst, zeigen sich sehr bald körperliche Folgen: die Verdauung und Nahrungsaufnahme sind gestört, das Fell wird trocken und stumpf, Herz-Kreislauf-Unregelmäßigkeiten und Probleme mit der Atmung treten auf, die gesamte Muskulatur verkrampft sich und verkümmert, immer mehr Krankheiten entwickeln sich. Der Körper zeigt alle Symptome von Dauerstress, die nicht so leicht in den Griff zu bekommen sind. Mentale Folgen sind übertriebene Reizbarkeit, Aggression, kompletter Rückzug vor der Außenwelt sowie das Einnehmen einer Opferrolle, das zunehmend von anderen Hunden ausgenutzt wird und die Angst somit intensiviert.

- In der Angst ist der Hund von Rationalität und Vernunft abgeschnitten. Seine gesamte Energie ist in den Muskeln konzentriert, zum Flüchten oder Angreifen. Das bedeutet, dass Ihr Hund nicht auf Sie hören wird, wenn er gerade Angst hat. Er kann nicht auf Sie hören. Und Folge davon kann sein, dass er in noch gefährlichere Situationen gerät, beispielsweise auf die Straße läuft, eine Klippe hinunterspringt oder einfach wegläuft, kilometerweit, ohne sich den Rückweg zu merken oder seine Nase einsetzen zu können, um Sie wiederzufinden. Ihre Anweisungen wie etwa »Sitz« nimmt Ihr Hund in diesem Zustand nicht wahr. Sie können lediglich auf der emotionalen oder seelischen Ebene etwas bewirken.

- Hunde tendieren dazu, ihre Ängste zu verallgemeinern. Zuerst fürchten sie sich nur dann, wenn eine Tür vom Wind zugeschlagen wird. Dann fürchten sie sich auch vor fallenden Objekten, die einen ähnlichen Ton von sich geben. Dann vor Knallern, dann vor Gewittern und schlussendlich vor fast jedem Geräusch. Solche Verallgemeinerungen passieren sehr schnell, wenn der Mensch seinem Hund nicht hilft, seine Angst zu bewältigen.

Beobachtungen und mögliche Fehlinterpretationen

- Angst, Erschrecken und Vorsicht sind nicht gleichzusetzen. Dass ein Hund bei einem plötzlichen Geräusch erschrickt, ist normal. Dass er in einer neuen Situation vorsichtig ist, ist auch normal. Ob dies nun in Angst oder Entspannung übergeht, hängt hauptsächlich vom Verhalten des Besitzers ab.
- Hunde, die Angst haben, entwickeln Schutzmechanismen. Sie lernen zum Beispiel, dass ihnen nichts passiert, wenn sie sich im Auto verkrampfen und winseln. Und deswegen tun sie es auch und steigern sich immer mehr in dieses Verhalten hinein. Sie glauben dann, dass sie nur so überleben können. Und es klappt: Sie überleben die Fahrt tatsächlich. Was die Hunde aber nicht wissen, ist, dass sie auch überleben würden, wenn sie entspannt blieben. Und hier kommen Sie ins Spiel. Genau diese Alternative müssen Sie Ihrem Hund aufzeigen und ihm helfen, sich von seinem unsinnigen Schutzmechanismus zu befreien.
- Angst ist das Gefühl, das sich am schnellsten von einem Lebewesen zum anderen überträgt und meist stärker ist als alle anderen Gefühle. Hat Ihr Hund Angst, müssen Sie unbedingt zuerst selbst in eine ruhige, sichere und freudige Stimmung kommen. Erst wenn Sie diese Sicherheit ganz deutlich aus-

strahlen, können Sie Ihrem Hund in seiner Angst helfen. Kommandos bringen wenig. Berührungen helfen auch nur bedingt. Das einzig Wahre ist Ihr eigener Gefühlszustand. An ihm kann sich Ihr Hund orientieren.

Ursachen, wenn Ihr Hund oft verängstigt ist

Bedürfnispyramide	Ursachen	Lösung
körperlich	Ihr Hund leidet unter einer Schilddrüsenüberfunktion oder anderen hormonellen Erkrankungen sowie unter Schmerzen.	Eine Blutprobe gibt Ihnen ein klares Bild, ob ein unnormaler Hormonspiegel hinter der Angst steckt.
	Ihr Hund hat zu wenig Ruhephasen, um die Erlebnisse des Tages zu verarbeiten.	Gönnen Sie Ihrem Hund nach einem anstrengenden oder spannenden Tag einen ganzen Tag Ruhe und Entspannung.
	Ihr Hund hat zu viel Enge, also zu wenig Freiraum oder Zeit, sich frei zu bewegen, um aufgestauten Stress abzubauen.	Lassen Sie Ihren Hund rennen, gehen Sie Fahrrad fahren oder joggen mit ihm. Sport baut Stress und somit auch Angst ab.
psychologisch	Ihr Hund hat negative Erfahrungen als angstauslösend gespeichert.	Helfen Sie Ihrem Hund, sich aus der Vergangenheit zu befreien, statt ihn in seiner Opferrolle zu bestätigen.
	Ihr Hund leidet unter Reizüberflutung und bekommt nicht genügend Sicherheit und Geborgenheit.	Bringen Sie Ihrem Hund bei, entspannt alleine im ruhigen Haus zu bleiben. Er muss nicht bei jedem Essen, Weihnachtsmarktbesuch, Schlussverkauf etc. mitkommen

Bedürfnis-pyramide	Ursachen	Lösung
	Ihr Hund leidet unter Vermenschlichung sowie Mangel an sinnvoller Beschäftigung.	Beschäftigen Sie Ihren Hund sinnvoll mit Nasenarbeit, Trickschule oder anderen Arten von Bewegung und Spiel, die seinen Rassebedürfnissen entsprechen.
kommunikativ	Ihr Hund erkennt Angstsymptome bei Ihnen und übernimmt Ihre Angst.	Arbeiten Sie an Ihren eigenen Ängsten, um selbst entspannt und ruhig zu bleiben.
	Sie sind unruhig oder hektisch, nicht entspannt.	Lenken Sie Ihren Hund spielerisch ab, wenn die Situation es erlaubt.
	Sie sind abgelenkt, bieten den Schutz nicht, den Ihr Hund jetzt braucht.	Seien Sie beim Spaziergang oder in der Angstsituation für Ihren Hund da, statt sich ablenken zu lassen.
pädagogisch	Ihr Hund leidet unter einem Mangel an Sozialisierung.	Sozialisierung ist ein lebenslanger Prozess. Zeigen Sie Ihrem Hund immer wieder neue Situationen und Objekte, um seinen Geist offen zu halten.
	Ihr Hund leidet unter einer Erziehung durch Gewalt und Unterwerfung oder aber unter zu viel Freiheit und Chaos.	Seien Sie ein feinfühliger Rudelführer, der Sicherheit bietet und klare Regeln setzen kann. Ihr Hund braucht keine Angst vor Ihnen zu haben, um zu gehorchen.
	Die Angst Ihres Hundes wurde mit Leckerli oder falsch eingesetztem Lob gefördert.	Helfen Sie Ihrem Hund aus seiner Angst, indem Sie selbst Ruhe und Sicherheit ausstrahlen.

Erkennen Sie sich in Ihrem Hund

Haben Sie einen Hund, der sehr verängstigt wirkt, dann ist seine seelische Botschaft an Sie, dass er Sie auf Ihre innere Enge aufmerksam machen will. Er möchte Ihnen deutlich machen, dass Sie selbst Ängste in sich tragen, die geheilt werden sollten. Vielleicht fehlt es Ihnen an Vertrauen im Leben, weil Sie oft enttäuscht und verletzt wurden. Das Problem ist aber nicht die Enttäuschung oder Verletzung, die Sie erfahren haben, sondern ein Mangel an Einsicht und Transformation der Angstgefühle. Sie wussten nicht, wie Sie Ihre seelischen Wunden verarbeiten sollen. Sie haben daher Hoffnung, Mut, Vertrauen, Zuversicht und Liebe aufgegeben. Dann entsteht Enge, also Angst, die nun Ihr Hund zum Ausdruck bringt. Er tut dies einerseits, weil er Ihnen zeigen möchte, dass die Angst geheilt werden sollte, aber auch, um Sie von den Angstgefühlen zu entlasten. Daraus folgt, dass Sie sich gleichermaßen mit Ihren eigenen Ängsten befassen sollten wie auch mit der Angst Ihres Hundes.

Ein Hund, der von Ängsten geplagt ist, will Sie zu mehr Liebe führen. Fragen Sie sich, wo es in Ihrem Leben an Liebe fehlt und warum Sie diese durch Angst ersetzen. Ein Mangel an Liebe führt dazu, dass Sie sich selbst und anderen nicht vertrauen können. Sie sehen nur potenzielle Gefahren, und Ihr Hund reagiert auf diese mit Angst. Sie fühlen sich auch so, als hätten Sie keinen Boden unter den Füßen. Es mangelt Ihnen an Stabilität und innerer Führung. Ihr Hund kann Ihnen dabei helfen, sich mit Ihrer eigenen Angst zu konfrontieren. Irgendwie müssen Sie sich mit der Angst auseinandersetzen, ob Sie es wollen oder nicht, weil auch Ihr Hund mit Angst besetzt ist. Sie haben nun eine wunderbare Gelegenheit, eigene Ängste loszulassen, wenn Sie sich entscheiden, mehr Weite in Ihr Leben kommen zu lassen. Heilen Sie Ihre Angst mit Liebe und geben Sie Ihrem Hund die Möglichkeit, ebenfalls wieder ins Reine mit sich zu kommen.

Wenn Sie die seelische Botschaft Ihres Hundes verstanden haben und sich mit der Angst auseinandersetzen möchten, müssen Sie zunächst unterscheiden lernen, ob es sich um Ihre eigene Angst handelt oder die Angst anderer Menschen. Oft ist die Angst in uns nicht die eigene. Wir haben sie von anderen übernommen. Wir haben uns die Ängste anderer Menschen, die uns nahestehen, oder aber von Medien propagierte Ängste zu eigen gemacht. Vielleicht tragen Sie die Angst Ihrer Mutter oder die Ihres Vaters oder die Ihrer ganzen Familie in sich. Viele Menschen reagieren sehr sensibel auf die Gefühle anderer. Wenn Sie mit einem schlecht gelaunten Menschen sprechen, kann es vorkommen, dass Sie danach ebenfalls mit einer miesen Stimmung durch den Tag gehen. Die Emotionen des anderen sind auf Sie übergeschwappt, und Sie haben sie wie ein Schwamm aufgesaugt. Vielleicht geht es dem anderen dadurch besser, weil Sie nun einen Teil seiner Gefühle für ihn austragen, aber das auch nur kurz. Denn Sie haben dem anderen Menschen nicht die Gelegenheit gegeben zu verstehen, was ihn in diese Lebenssituation gebracht hat. Nur weil Sie seine Angst übernehmen, heißt das noch lange nicht, dass die Sache geklärt ist. Dieser Mensch wird sich womöglich wieder in eine Situation bringen, in der er mit Angst konfrontiert wird. So lange, bis er verstanden hat, welche gedanklichen und emotionalen Muster seine Angst verursachen.

Sie müssen daher lernen, Ihre eigenen Emotionen von jenen der anderen zu unterscheiden, auch von denen Ihres Hundes. Und Sie sind eingeladen, Ihre eigenen Emotionen voll und ganz anzunehmen und zu integrieren. Von den belastenden Emotionen anderer Menschen hingegen dürfen Sie sich distanzieren.

Die folgende Übung kann Ihnen helfen, sich von Schattenemotionen wie Angst zu lösen. Sie basiert auf der Arbeit des deutschen Transformationspsychologen Robert Betz:

Sich von der Angst lösen

1. Setzen Sie sich bequem und ungestört hin. Lassen Sie zunächst all Ihre Gedanken ziehen. Denken Sie dann an die Situation, die Ihnen oder Ihrem Hund Angst macht.

2. Atmen Sie tief ein und aus. Sie wissen ja jetzt: Angst hat immer etwas mit Enge zu tun. Bewusstes Atmen bringt wieder mehr Weite in Ihre Emotion. Kümmern Sie sich jetzt nur um Ihre Emotion.

3. Machen Sie sich bewusst, dass äußere Umstände und andere Menschen nur Auslöser Ihrer Angst sind. Sie können Ihnen dabei helfen, sich über Ihre innere Angst klar zu werden, um sich von ihr befreien zu können. Machen Sie einen weiteren Schritt und sehen Sie ein, dass Sie verantwortlich sind für das, was Sie denken und fühlen. Auch wenn Sie vielleicht Muster und Einstellungen von anderen Menschen übernommen haben, waren doch Sie es, der sich unbewusst dafür entschieden hat, diesen Menschen zu begegnen, ihre Meinungen und Gefühle zu übernehmen und sie zu Ihrer Realität werden zu lassen. Daher sind Sie stets dafür verantwortlich, was in Ihrem Leben geschieht. Folgerichtig haben Sie es auch in der Hand, es zu ändern.

4. Sollten Sie den Eindruck bekommen, dass Sie die Angst von einem anderen Menschen oder Lebewesen übernommen haben, dann ist es nun an der Zeit, sie wieder an den Urheber zurückzuschicken. Stellen Sie sich diesen Rückfluss so vor, dass Sie von Ihnen eine Bahn zu dieser anderen Person herstellen, auf der Sie diese Emotion gänzlich abgeben können.

5. Lassen Sie dabei alle Schuldzuweisungen und Selbstverurteilungen los. Diese können durch einen anderen Kanal abfließen, der bis nach unten in die Erde reicht – als würden Sie die Toilettenspülung betätigen. Verabschieden Sie sich gänzlich vom Schulddenken. Dieses hinterlässt nur Wunden in Ihnen, die kaum oder gar

nicht heilen können. Wer in Schuld verhaftet ist, kann auch nicht vergeben. Und Vergebung und Heilung gehen Hand in Hand.

6. Sollten Sie auch eigene Emotionen der Angst verspüren, so atmen Sie tiefer in dieses Gefühl ein und benennen Sie es: »Ich spüre gerade das Gefühl von *Angst* (oder etwas anderem) in mir.« Sprechen Sie daraufhin folgendes Gebet: »Ich bin bereit, dieses Gefühl in mir voll und ganz zu spüren, es mit Liebe zu umarmen und so heilen zu lassen.« Sie können sich dabei auch therapeutisch unterstützen lassen und sich an spirituelle Heilenergien wenden: »Ich rufe alle höheren heilenden Kräfte und Wesen des Lichts, mir dabei zu helfen, mich selbst zu heilen.« Danken Sie anschließend für die Hilfe.

7. Bleiben Sie dabei, bis Sie alles gespürt und erlebt haben. Fühlen Sie sich dabei geliebt und unterstützt. Lassen Sie sich nicht ablenken, sondern widmen Sie sich voll und ganz diesem Prozess. Machen Sie sich klar, dass alle Gefühle da sein dürfen. Alles darf jetzt sein. Vertrauen Sie darauf, dass das Leben es gut mit Ihnen meint. Sie dürfen nun lernen, mehr Liebe zu spüren, auch bei Emotionen, die Sie als unangenehm erleben.

8. Atmen Sie tief ein und aus. Bleiben Sie mit Ihrer Atmung verbunden, tief und konstant. In diesem Prozess dürfen auch Tränen fließen, und Ihr Körper darf alles ausdrücken, was er möchte. Sie können dabei still sitzen, weinen, schreien oder sich bewegen. Achten Sie darauf, was Ihr Körper sich wünscht.

9. Öffnen Sie sich auch für jede Einsicht und Erkenntnis, die Ihnen hilft, Ihre Angst zu heilen. Sie können dabei den folgenden Satz aussprechen: »Ich bin bereit, mein Herz zu öffnen und jede Einsicht und Erkenntnis zuzulassen, die alles heilt. Ich bin bereit, positive Veränderung voll und ganz geschehen zu lassen. «

10. Beobachten Sie dabei Ihre Emotionen aus der Vogelperspektive. Sie nehmen diese Gefühle in sich wahr, aber Sie *sind* nicht diese

Gefühle. Es ist so, als würden Sie nur eine Welle erkennen, wären aber selbst der Ozean.

11. Achten Sie dabei auf Ideen, Eingebungen und Inspirationen, die Ihnen kommen. Diese können Ihnen behilflich sein, hartnäckige Muster und Einstellungen zu lösen, die Ihre Angst verursachen.

12. Stellen Sie sich nun vor, wie Sie eine Lichtdusche oder ein Lichtbad nehmen. Lassen Sie sich zuerst von einem goldenen oder silbernen und dann von einem violetten Licht überfluten. Dieses Licht reinigt auch Ihren energetischen Körper, in dem noch Reste der Emotionen sitzen können.

13. Sie können zum Abschluss auch eine echte Dusche nehmen, um Ihren Körper von alten Emotionen zu befreien.

Sie können diese Übung auch stellvertretend für Ihren Hund machen, wenn er an Angst- oder Panikzuständen leidet. Wenn Sie sich sicher sind, dass die Angst Ihres Hundes nichts mit Ihnen zu tun hat, dann gehen Sie diesen Prozess für Ihren Hund durch. Sollte seine Angst jedoch etwas mit Ihnen zu tun haben, dann reicht es aus, wenn Sie die Übung nur für sich machen. Sie können dadurch Ihre eigenen Emotionen besser verarbeiten und entlasten gleichzeitig Ihren Hund.

Jagdtrieb

Der Jagdtrieb eines Hundes ist keine Verhaltensstörung. Denn alle Hunde sind Jagdtiere. Das betrifft auch Hunderassen wie Mops, Spitz und die Dogo Argentino. Hauptbeschäftigung vieler Rassen ist es, auf Jagd zu gehen. Sie wurden dafür gezüchtet, die Jagd ganz präzise auszuführen. Und das tun sie heutzutage immer noch. Die Jagd verläuft in sieben Schritten: 1. Auffinden der Beute, 2. Blickkontakt aufnehmen, 3. Anpirschen/Einkreisen, 4. Hetzen/Scheuchen, 5. Angriff/Packen, 6. Töten und 7. die Beute fressen.

Jagen ist somit eine Abfolge von mehreren Schritten. Urrassen wie Huskys, Malamute, Laika, Wolfshunde, Inus durchlaufen beim Jagen alle Schritte. Andere Rassen wie Pointer, Setter, Cocker lassen beispielsweise das Töten und Fressen (meist) aus. Sie halten nur Ausschau nach Wild oder nehmen Blickkontakt auf beziehungsweise laufen der Beute nur hinterher. Der Jäger übernimmt die restlichen Schritte.

Jagen ist für einen Hund selbstbelohnend. Sein Verhalten zu ignorieren ändert somit nichts an seinem Trieb. Sie müssen aktiv einwirken. Und obwohl Jagen keine Verhaltensstörung, sondern ein Urinstinkt ist, bleibt es ein unerwünschtes Verhalten für den Menschen. Schließlich können Jäger und Gejagte gefährliche Verletzungen erleiden.

Noch bevor Sie sich an die Ursachen und Maßnahmen heranwagen, versuchen Sie, folgende Handlungen zu vermeiden. So unterstützen Sie nicht mehr unbewusst das Jagdverhalten Ihres Hundes:

- Hinterherlaufen: Wenn Ihr Hund dabei ist zu jagen und Sie ihm hinterherlaufen, glaubt er, dass Sie mit ihm gemeinsam jagen. Werden Sie vielleicht dann noch mit der Stimme lauter, so versteht er dies als Anfeuerung.
- Selbst ans Jagen denken: Halten Sie selbst nervös Ausschau nach Wild, dann bringen Sie damit Ihren Hund noch stärker in Jagdstimmung. Denn in seinen Augen suchen Sie dann gemeinsam, was ihn sehr freut.
- Jagdspiele: »Erlaubtes« Katzen- oder Taubenjagen sowie Fangspiele mit dem Menschen wecken den Jagdtrieb des Hundes. Häufiges Ballwerfen stellt ein Hund dem Jagen gleich: Er muss Ausschau halten, hinterherhetzen und fangen, wie beim Jagen. Durch häufige Spiele dieser Art wird der Hund in Jagdstimmung gebracht und beginnt, süchtig danach zu werden. Um diese Sucht zu stillen, wird er sehr bald auf echte Jagd gehen.

Gefahren für Ihren Hund, wenn er jagt

- Beim Jagen werden alle Muskeln Ihres Hundes stark durchblutet. Sein Gehirn wird daraufhin unterversorgt. Das erklärt, warum Hunde nicht mehr auf Rückrufe reagieren, wenn sie bereits im Hetzen sind. Das bewusste Denken ist wie abgeschaltet. Gefahren wird der Hund somit nicht einschätzen können und beispielsweise blind über stark befahrene Straßen laufen oder ein Wildschwein angreifen, das sich jedoch zur Wehr setzen wird.

- Der Körper Ihres Hundes ist beim Jagen überflutet von Adrenalin. Das bewirkt, dass seine Schmerzgrenze sinkt. Ihr Hund läuft daher durch Gräben, überspringt Zäune, Drähte und sonstige gefährliche Hindernissen, die er ansonsten meiden würde. Er kann sich dabei schwer verletzen.

- Exzessives Jagen verursacht Stress für Körper und Geist Ihres Hundes. Passiert das zu häufig, staut sich Adrenalin auf, der Körper kommt nicht nach mit dem Abbauen dieser Stresshormone, und Ihr Hund wird sehr bald an Symptomen wie Erschöpfung, Nervosität, Angst und allen körperlichen Beschwerden von Dauerstress erkranken.

Beobachtungen und mögliche Fehlinterpretationen

Ihr Hund jagt *nicht*, wenn er

- herumtobt, schnüffelt und sich für seine Umwelt interessiert. Glückliche Hunde beobachten und zeigen ein gesundes Interesse an ihrer Umgebung.

- flüchtet oder wegläuft. Hunde können erschrecken oder sich angegriffen fühlen (siehe den vorhergehenden Abschnitt über Angst). Manche Hunde laufen auch vor ihrem Besitzer davon. Dies ist der Fall, wenn Ihr Hund versucht wegzulaufen, sobald

Sie die Leine losmachen. Passiert Ihnen das, müssen Sie dringend an Ihrer Führung und Bindung zu Ihrem Hund arbeiten.

- gerne Abstand halten möchte. Manche Hunde haben eine größere Individualdistanz. Das heißt, sie fühlen sich erst dann wohl, wenn sie einige Meter von ihrem Besitzer entfernt sind.

Ursachen, wenn Ihr Hund oft auf Jagd verschwindet

Bedürfnis-pyramide	Ursachen	Lösung
körperlich	Ihr Hund ist unterbeschäftigt, es ist ihm langweilig. Dann kommen die Instinkte hoch. Er fragt sich, was sein Körper gut und alleine machen kann, und das ist Jagen.	Bieten Sie Ihrem Hund viel Abwechslung beim Spaziergengehen an. Beschäftigen Sie ihn sinnvoll, damit er nicht auf die Idee kommt, sich alleine zu beschäftigen.
	Falsche Beschäftigung für Ihren Hund, z. B. nur Ballwerfen, Hetzspiele, Reizangel. Oder Beschäftigungen, die für seinen Körper nicht geeignet sind und ihm somit keinen Spaß machen.	Helfen Sie Ihrem Hund, seine Energie richtig zu lenken mit Tätigkeiten, die sowohl für Sie als auch für ihn angenehm und sicher sind.
	Zu wenig Bewegung. Nur mit dem Jagen kann Ihr Hund so richtig laufen und sich austoben.	Geben Sie Ihrem Hund die Bewegung, die sein Körper braucht!
psycho-logisch	Das Jagen ist eine Gegenreaktion auf Vermenschlichung. Mit dem Jagen sucht der Hund einen Ausgleich, um einige Zeit lang 100-prozentig Hund zu sein.	Unterstützen Sie Ihren Hund dabei, so richtig Hund sein zu dürfen. Er darf graben, sich im Schlamm wälzen, bellen usw. Damit gleicht er aus, dass er sich immer sehr menschlich verhalten muss.

Bedürfnis-pyramide	Ursachen	Lösung
psycho-logisch	Ihr Hund glaubt, dass er für das Wohl und Überleben des Rudels verantwortlich ist, und geht dafür auf Beutesuche. Ihr Hund fühlt sich nicht geführt. Sie lassen ihm absolute Freiheit. Da er nicht weiß, was er mit dieser Freiheit machen soll, lässt er seinen Instinkten freien Lauf.	Führen Sie Ihren Hund auch dann, wenn er ohne Leine läuft. Absolute Freiheit ist für Hunde stressig. Was Ihr Hund sich wünscht, sind Anweisungen von Ihnen, was er tun soll und was nicht. Treffen Sie dazu klare Entscheidungen und setzen Sie sich (gewaltfrei) durch.
kommuni-kativ	Ihr Hund fühlt sich beim Spaziergang im Stich gelassen. Sie sind nicht präsent. Sie telefonieren, unterhalten sich mit Freunden oder sind mit den Gedanken völlig woanders.	Seien Sie immer präsent für Ihren Hund. Mit den Gedanken, mit den Gefühlen und auch mit der Stimme. Ihr Hund soll wissen, dass sie zusammen spazieren gehen.
	Sie erkennen erste Anzeichen von Jagdverhalten Ihres Hundes nicht und greifen somit zu spät ein, wenn die Instinkte bereits die Kontrolle über das Hirn des Hundes übernommen haben.	Lernen Sie, erste Anzeichen von Anspannung zu erkennen, damit Sie Ihren Hund rechtzeitig vom Jagen abrufen können, bevor er sich selbst nicht mehr unter Kontrolle hat.
	Sie glauben nicht an Ihren Rückruf und stehen nicht zu Ihren Kommandos.	Trainieren Sie einen zuverlässigen Rückruf und glauben Sie auch fest daran, dass Ihr Hund darauf eingehen wird. Es gibt keinen Zweifel, dass Ihr Hund zu Ihnen zurückkommt, wenn Sie ihn rufen.

Bedürfnis-pyramide	Ursachen	Lösung
päda-gogisch	Straßenhunde haben durchs Jagen gelernt, an ihr Futter zu kommen und sich vor Gefahren zu schützen.	Eine Zwischenlösung für Straßenhunde ist, ihnen einen Maulkorb anzulegen. Sie erkennen somit, dass eine Jagd nicht erfolgreich sein kann, und beginnen, ein anderes Verhalten zu erlernen.
	Wenn die Instinkte Ihres Hundes stärker sind als die Bindung an Sie und Ihr Einfluss, wird der Hund eher jagen, als bei Ihnen bleiben.	Stärken Sie die Bindung zwischen Ihnen und Ihrem Hund. Bringen Sie Ihrem Hund bei, dass er beim Spaziergang auf Sie schauen muss und nicht umgekehrt Sie auf ihn. Somit ist Ihr Hund stets beschäftigt, und falls er doch einmal jagt, wird er den Weg zu Ihnen zurückfinden.
	Warten Sie geduldig ab, bis Ihr Hund von der Jagd zurück ist, und loben Sie ihn dann womöglich noch, wird Ihr Hund es als richtig empfinden zu jagen.	Kommt Ihr Hund vom Jagen zurück, wird er für eine gute Viertelstunde kommentarlos an die Leine genommen, bis er sich wieder gefasst hat und sein Adrenalinspiegel gesunken ist.

Erkennen Sie sich in Ihrem Hund

Haben Sie einen Hund, der immer wieder gerne jagen geht, und belastet Sie sein Verhalten, dann ist die seelische Botschaft Ihres Hundes an Sie, einen Blick auf Ihre eigene animalische Seite zu werfen. Schließlich ist Jagen ein Urinstinkt, von dem wir uns in der modernen westlichen Welt jedoch längst verabschiedet haben. Wir sind weder mit der Natur noch dem Universum oder uns selbst verbunden. Der moderne Mensch lebt ein künstliches Leben. Er isst künstlich, benimmt sich künstlich, arbeitet in unnatürlichen Umgebungen und wohnt künstlich. Es fehlt an Emotion, Kraft und Leidenschaft, die seine animalischen Instinkte zum Leben erwecken.

Entdecken Sie die wilde Seite in sich

Sie sind daher eingeladen, sich zu fragen: Wie sehr kann ich auch mal »die Sau rauslassen«? Welche von der Gesellschaft abgelehnten Wünsche und Triebe lebe ich nicht aus?

Sind Sie, statt brav und angepasst zu sein, manchmal auch wild und eigenwillig? Sollten Sie feststellen, dass Sie sich dazu verpflichtet haben, immer nur lieb und nett zu sein, dann ist Ihre wilde, Ihre animalische Seite im Unterbewusstsein »verschüttgegangen«.

Ihr Hund spürt das natürlich und zeigt Ihnen dann mit seinem Jagdtrieb, dass er noch ein wildes Tier ist, ein unfolgsamer, frecher Kerl, der sich von seinen Trieben und Instinkten leiten lässt. Ihre Aufgabe besteht dann darin, Ihre eigenen Triebe und Instinkte stärker wahrzunehmen und auch ihnen einen Raum zu geben. Lassen Sie mehr Ihre wilde und abenteuerliche Seite raus. Verbinden Sie sich auch mehr mit den Kräften der Natur und spüren Sie, woher Sie kommen. Beschäftigen Sie sich mit Ihren Ahnen und Wurzeln. Bringen Sie Selbstkontrolle und den Drang nach Freiheit ins Gleichgewicht. Seien Sie auch einmal irrational und unberechenbar. Überraschen Sie sich selbst mit neuen Verhaltensweisen, statt in einem monotonen Alltag vor sich hin zu leben.

Wir können es nur wiederholen: Werden Sie wieder wild, laut, abenteuerlich, aufmerksam, animalisch. Befreien Sie sich von Dogmen und stellen Sie Ihre eigenen Regeln auf. Spüren Sie in sich hinein und finden Sie heraus, wohin Ihre Instinkte und Triebe Sie leiten wollen, und leben Sie diese in einem geschützten und kontrollierten Rahmen aus. Schenken Sie ihnen jedenfalls Beachtung und einen fruchtbaren Raum.

Wenn Sie Ihren Instinkten und Trieben mehr Aufmerksamkeit schenken, kommen Sie mit Ihrem Bewusstsein mehr in Ihren Körper und fühlen sich präsenter. Sie haben den Eindruck, mehr bei sich selbst und mit Ihrem Körper und Atem verbunden zu sein. Sie spüren sich selbst, leben den Augenblick mehr im Hier und Jetzt. Sie können dadurch die Fülle des Moments wahrnehmen und genießen und schärfen Ihre Wahrnehmung. Tiere verfügen über eine starke Wahrnehmung und handeln aus dem Hier und Jetzt heraus. Das liegt daran, dass sie so stark mit ihren Trieben und Instinkten verbunden sind.

Hunde bringen Sie durch Ihr Jagdverhalten mehr ins Hier und Jetzt. Sie müssen nämlich stets aufmerksam bleiben, um zu vermeiden, dass Ihr Hund davonläuft. Sie können Ihre Gedanken nicht schweifen lassen, sondern müssen Ihren Hund stets im Auge behalten. Wenn Sie von vornherein immer aufmerksam sind, mehr mit dem Moment verbunden und mit Ihrer eigenen wilden Seite befreundet, dann kann sich Ihr Hund innerlich zurücklehnen, statt auf Jagd zu gehen.

Wenn Sie die seelische Botschaft Ihres Hundes verstanden haben, sollten Sie sich zunächst einmal die Frage stellen, in welchen Bereichen Ihres Lebens Sie sich gehemmt oder eingeschränkt fühlen. Wo spielen Sie das brave Mäuschen und würden aber am liebsten mal so richtig ableben? Jeder Mensch hat eine wilde, animalische Seite an sich. Sie müssen lernen, Ihre Abenteuerlust, Ihren Wunsch nach Lebendigkeit, Aufregung und Abwechslung zum Leben zu erwecken, ohne dass Sie dabei sich selbst oder anderen schaden. Verdrängen Sie Ihre animalische Seite konstant, so leben Sie ständig »mit angezogener Handbremse« und verpassen womöglich das Leben an sich. Ihr Hund dagegen muss Ihnen dann Ihre Schattenseite spiegeln – will heißen, er geht auf Jagd und hat einen Riesenspaß daran.

Sie sollten lernen, Ihre Abenteuerlust zu befriedigen und Aktivitäten finden, bei denen Sie Spaß daran haben, auch mal nicht brav und vernünftig zu sein. Ihre Aufgabe ist es, auf gesunde Weise unvernünftig und zu einem Genussmenschen zu werden. Für den einen kann das bedeuten, dass er alleine als Backpacker durch Asien verreist, weil das immer schon sein Wunschtraum war, der andere dagegen sieht sich eher mit einem Glas Champagner am Eiffelturm seine Frankreichaffinität befriedigen. Probieren Sie aus, was Ihnen persönlich am meisten liegt.

Schauen Sie sich Ihr Verhalten besonders bei folgenden Tabuthemen an: Geld, Macht, Erfolg und Sex. Tun Sie sich in diesen Bereichen womöglich mehr Zwang an, als nötig wäre? Dann besteht Ihre Aufgabe darin, einen freien und ungehemmten Zugang zu Geld, Macht, Erfolg und Sex zu finden und diese Bereiche auf eine gesunde und spannende Art und Weise am Leben zu erhalten.

Früher oder später werden Sie sehr wahrscheinlich auch etwas an Ihrem Job oder Ihrer Beziehung ändern wollen, vor allem dann, wenn Sie von Langeweile schier erschlagen werden. Um Ihre wilde Seite ins Leben zu rufen, können Ihnen folgende Aktivitäten behilflich sein:

- Erlernen Sie eine ganzheitliche Kampfkunst, um Ihre Aggression wieder richtig zu lenken.
- Probieren Sie die Dynamic Meditation von Osho aus, um wieder mit Ihren Urkräften in Kontakt zu kommen.
- Schlafen Sie draußen im Zelt oder machen Sie sich mal richtig dreckig, um sich wieder mit der Natur zu verbinden.
- Tun Sie etwas, was Sie bisher noch nicht getan haben, um aus Ihrer Routine auszubrechen.
- Gehen Sie ungewöhnlichen Hobbys nach, wie etwa Bogenschießen, Fechten oder Ausdruckstanz, um neue Ressourcen in sich zu aktivieren.

- Nehmen Sie sich vor, kreativer zu werden. Sie können schreiben, tanzen, singen, malen und musizieren, um Ihre Energie konstruktiv zu lenken.
- Beschäftigen Sie sich mit Kundalini-Yoga. Lernen Sie Tantra oder andere ganzheitliche Sexualpraktiken.

Lassen Sie die laute, wilde, ungehemmte, sprich: die lebendige Seite in sich zu. Lassen Sie den Wunsch los, immer brav und vernünftig zu sein, und werden Sie lieber frech, ungezogen und unberechenbar. Sie werden eventuell die Erfahrung machen, dass es Ihnen nicht möglich ist, Ihre animalische Seite in konstruktiver Weise auszuleben, weil Ihre Triebe komplett die Kontrolle über Sie übernehmen. Sollte dies der Fall sein, können Sie mithilfe von Methoden aus Meditation, Atemtherapie, schamanischen Ritualen und anderen Praktiken lernen, Ihre Triebe auf gesunde Weise zu leben.

Trennungsangst

Trennungsangst bedeutet, dass bei Ihrem Hund Stress aufkommt, wenn er alleine gelassen wird oder von Ihnen getrennt ist. Bei Kindern kommt Trennungsangst zwischen dem siebten und 18. Lebensmonat auf. In dieser Phase will das Kind nur Mama oder Papa, und sobald sie weg sind, weint es um seine Eltern – auch wenn diese vielleicht gar nicht weit weg sind oder sich noch im Blickfeld des Kindes befinden.

Um Trennungsangst zu entwickeln, muss ein Mensch oder Tier die Fähigkeit besitzen, sich an eine Person oder an ein Objekt zu erinnern, wenn der Mensch oder die Sache nicht mehr zu sehen ist. Der Entwicklungspsychologe Jean Piaget hat diese Fähigkeit »Objektpermanenz« genannt. Kinder wissen in einem bestimmten Alter, dass ihr Vater oder ihre Mutter weiterhin existieren, auch wenn sie gerade nicht sichtbar sind. Sie sehnen sich nach dem Kontakt, der Liebe und der Sicherheit, die die Eltern geben. Sind diese nicht anwesend, leiden die Kinder, denn sie wollen diese Emotionen weiterhin spüren. Auch Hunde verfügen über die kognitive Fähigkeit, Dinge und Menschen in Erinnerung zu behalten, und können daher auch Trennungsangst entwickeln.

In der Regel dauert die Phase der Trennungsangst bei Kindern nur eine begrenzte Zeit an. Konnte ein Kind jedoch keine sichere Bindung an seine Bezugspersonen entwickeln, ist es möglich, dass auch später noch Trennungsangst auftritt. Bei Erwachsenen äußert sich Trennungsangst häufig in Form von Verlustängsten oder auch Gefühlen von Einsamkeit.

Auch Hunde können später an Einsamkeit leiden, wenn sie als Welpen nicht lernen, mit dem Alleinsein klarzukommen. Im Alter von zehn bis zwölf Wochen ist bei einem Welpen der Stress durch die Trennung von der Mutter am geringsten. In dieser Zeit ist der junge Hund neugierig und will die Welt erkunden. Das ist der beste Zeitpunkt, um ihn von seiner Mutter zu trennen und ihn in seine neue (Menschen-) Familie einzugewöhnen. Dort muss der Hund weiterhin lernen, dass es schön ist, auch ab und zu ganz alleine zu sein.

In der Wildnis wird der Welpe ab der zwölften Woche dem Rudel vorgestellt und trennt sich damit ebenfalls langsam von seiner Mutter. Schritt für Schritt baut er Kontakte zu seinen Artgenossen auf. Das Rudel gibt ihm das Gefühl von Geborgenheit und Sicherheit. Hunde bleiben in ihrem Rudel, weil sie sich dort beschützt und sicher fühlen. Sie bleiben lieber in der Gruppe, als die Welt auf eigenen Pfoten zu entdecken. Unsere Hunde ganz alleine zu lassen entspricht nicht ihrer sozialen Natur. Ein Hund hat alleine in der Wildnis kaum Überlebenschancen. Entweder er verhungert, oder er wird getötet. Doch in unserer Menschenwelt ist es absolut notwendig, den Hund ab und zu alleine zu lassen. Da es gegen seine natürliche Prägung ist, müssen wir ihm das Alleinsein geduldig und feinfühlig beibringen.

Trennungsangst kann sich auf viele Weisen zeigen. Die einen Hunde bellen, heulen, kratzen an der Tür, zerbeißen Sachen, wirken hektisch und sabbern. Andere dagegen werden apathisch und ziehen sich zurück. Auf den ersten Blick wirken Letztere entspannt, doch der Schein trügt. Angst und Stress lähmen sie so sehr, dass sie nicht anders können, als in Starre zu verfallen.

Bei jedem Hund geht es darum, ungesunde Abhängigkeit in gesunde Bindung zu verwandeln, damit er nicht unter Trennungsangst leidet. In manchen Fällen weisen Hunde eine zu starke Eigenständigkeit auf, sprich: Es ist ihnen gleich, ob ihr Besitzer da ist oder nicht. Dies ist oft bei geretteten Straßenhunden der Fall, weil sie nie gelernt haben, sich auf eine Bindung zu einem anderen Lebewesen einzulassen. Hier muss Vertrauen langsam aufgebaut werden

Trennungsstress ist bei sozialen Tierarten ganz natürlich. Die Tiere brauchen dabei unsere Hilfe. Sie können von uns Menschen lernen, dass es angenehm sein kann, Zeit mit sich allein zu verbringen und vorübergehend ohne Besitzer zu sein.

Gefahren für Ihren Hund, wenn er nicht alleine bleiben kann

- Ihr Hund ist stets auf Sie als seinen Besitzer angewiesen, hat kein Selbstwertgefühl und lebt ständig in der Angst, alleine nicht überleben zu können. Daher kann er sich kaum entspannen und muss dauernd schauen, wo Sie gerade sind, damit er ja nicht vergessen wird. Ihr Hund fühlt sich vollständig von Ihnen abhängig. Dies ist ein enormer Stress für ihn, vor allem, wenn Sie dann tatsächlich einmal für kürzere Zeit weg sind.

- Zur Trennungsangst gehört die Angst, verlassen oder im Stich gelassen zu werden, in der »bösen« Welt aufgefressen zu werden, zu sterben. Diese Ängste haben gravierende Folgen für die körperliche, mentale und emotionale Gesundheit Ihres Hundes.

- Sie werden es aus eigener leidvoller Erfahrung vielleicht bereits wissen: Ein Hund, der nicht alleine bleiben kann, ist eine enorme Last. Sie können nicht ins Kino gehen, nicht einkaufen, nicht zum Frisör, keine Freunde treffen, nicht in Urlaub fahren, nicht zum Arzt gehen usw., ohne Ihren Hund mitzunehmen, und das geht nun mal nicht immer. Und wenn Sie ihn dann doch zu Hause lassen, tun Sie das mit einem sehr schlechten Gewissen, weil Sie wissen, dass Ihr Hund leidet. Die Folge: Ihr Leben dreht sich nur noch um Ihren Hund.

Beobachtungen und mögliche Fehlinterpretationen

- Bei Trennungsangst besteht die Herausforderung darin, eine Balance zwischen Abhängigkeit und Eigenständigkeit zu finden. Ist die Abhängigkeit zu stark, wird der Hund unter Trennungsangst leiden. Ist die Eigenständigkeit zu stark, orientiert sich der Hund nicht an Ihnen als seinem Besitzer, und es fehlen ihm bald die notwendige Sicherheit und Führung.

- Trennungsangst ist niemals ein Protest Ihres Hundes. Sie ist vielmehr eine existenzielle Angst. Angst zu vereinsamen. Angst, im Stich gelassen zu werden. Angst zu sterben. Sie muss daher sehr ernst genommen werden, und dem Hund muss schrittweise gezeigt werden, dass es in Ordnung ist, alleine zu sein, und vor allem, dass er weiterhin versorgt wird und in Sicherheit ist, auch wenn Sie mal für einige Stunden abwesend sind.

- Trennungsangst ist nicht zu verwechseln mit Langeweile: Einem Hund, der zu viel alleine ist, wird schnell langweilig. Um sich zu beschäftigen, zerbeißt er Sachen, gräbt Pflanzen aus oder heult ununterbrochen. Den Unterschied zur Trennungsangst erkennen Sie daran, dass bei Langeweile keine Stresssymptome wie starkes Hecheln, nasse Pfoten, Futterverweigerung auftreten. Wenn Ihr Hund etwas zerstört, sind es bei Langeweile nur vergleichsweise unwichtige Gegenstände. Bei Trennungsangst bekommen Gegenstände einen Schaden ab, die Ihren Geruch tragen, beispielsweise Kleidung. Außerdem wirkt ein gelangweilter Hund wieder völlig normal, sobald Sie wieder bei ihm sind; ein Hund unter Trennungsangst wirkt dagegen auch dann noch sehr erschöpft oder aber überdreht, wenn Sie wieder da sind.

- Trennungsangst ist auch nicht zu verwechseln mit Angst vor Kontrollverlust: Hunde, die glauben, die Führung übernehmen zu müssen, werden nervös, wenn ihr Besitzer nicht mehr da ist. Nicht, weil sie Angst haben, alleine zu bleiben, sondern weil sie fürchten, dass ihrem Besitzer etwas passiert, wenn sie nicht auf ihn aufpassen. Es handelt sich hier um ein Führungsproblem, nicht um Trennungsangst. Bei Angst vor Kontrollverlust bellt der Hund aufgeregt von der ersten Minute an, in der er alleine gelassen wird, springt seinen Besitzer an, wenn dieser zurückkommt, und kratzt an der Tür. Hunde mit Kontrollverlust zerstören eher selten Gegenstände. Generell kontrollieren sie ihren Besitzer gerne, indem sie sich in den Weg legen oder stellen und ihn nie aus den Augen lassen. Ein Hund mit dieser Einstellung folgt seinem Besitzer überallhin, auch im Haus selbst, mit der Absicht aufzupassen, dass ihm nichts passiert oder dass er nicht wegrennt.

Ursachen, wenn Ihr Hund oft unter Trennungsangst leidet

Bedürfnis-pyramide	Ursachen	Lösung
körperlich	Ihr Hund steht ständig unter Strom, ist aufgewühlt oder gewohnt, dass immer etwas los ist. Sein Körper hat nie gelernt, zur Ruhe zu kommen. Er ist im wahrsten Sinn des Wortes süchtig nach Aktion.	Gönnen Sie Ihrem Hund 20 Stunden Ruhe am Tag. Und wenn Sie mal einen ganzen Tag Action haben, dann sollte am Tag darauf wieder Ruhe angesagt sein.
	Große Veränderungen im Tagesablauf oder zu wenig Zeit mit Ihnen können ebenfalls Trennungsangst verursachen.	Hunde sind Gewohnheitstiere. Wenn sich der Tagesablauf ändern muss, dann gehen Sie es schrittweise über mehrere Tage an, damit Ihr Hund die Veränderung bewusst miterlebt und sich neu einstellen kann.
	Es fehlt Ihrem Hund an Körpernähe.	Verbringen Sie schöne, entspannte Zeit mit Ihrem Hund, z. B. indem Sie einfach zusammen auf der Couch liegen. So wird das Bindungshormon Oxytocin freigesetzt und der Stress bei Ihrem Hund reduziert.
psycho-logisch	Die Welt dreht sich nur um Ihren Hund. Er bekommt ständig Aufmerksamkeit und glaubt somit, er sei das Wichtigste auf der ganzen Welt. Er wird süchtig nach Aufmerksamkeit und leidet, wenn er sie mal nicht bekommt.	Ignorieren Sie Ihren Hund ab und an. Ihre Aufmerksamkeit ist für ihn wie eine Droge. Natürlich bekommt er sie auch weiterhin, aber eben nicht ununterbrochen.

Bedürfnis-pyramide	Ursachen	Lösung
psycho-logisch	Ihr Hund bekommt das Ge-fühl vermittelt, dass er ohne Sie nichts kann. Er hat nie gelernt, Probleme selbst zu meistern.	Lassen Sie Ihren Hund öfter allei-ne etwas machen. Geben Sie ihm die Möglichkeit, Eigeninitia-tive zu zeigen und selbst ein Pro-blem zu lösen. Dadurch wach-sen sein Selbstwertgefühl und Selbstvertrauen, und das Gefühl von Abhängigkeit wird geringer, also auch die Trennungsangst.
	Ihr Hund hat das Gefühl, dass seine Bedürfnisse nach Sicherheit, Schutz, Kontakt und Kommunika-tion nicht gedeckt sind, und fühlt sich somit gene-rell unwohl und unsicher.	Führen Sie Ihren Hund im All-tag feinfühlig. Geben Sie ihm das Gefühl, dass die Welt ein sicherer Ort für ihn ist.
kommu-nikativ	Wenn Sie sich von Ihrem Hund verabschieden, sind Sie hektisch,schleichen sich unbemerkt raus oder verabschieden sich umge-kehrt immer wieder vom Hund, bevor Sie tatsächlich gehen.	Der ideale Abschied: Sie sa-gen Ihrem Hund, dass er zu Hause bleibt und Sie gehen. Dann erst ziehen Sie ent-spannt Ihre Jacke an. Ihrem Hund geben Sie evtl. einen Kauknochen, damit er eine Beschäftigung hat und Sie dann mit gutem Gewissen und Gefühl gehen können. Alles läuft ganz entspannt ab.
	Beim Begrüßen Ihres Hun-des sind Sie überschwäng-lich, als wäre es eine Hel-dentat von ihm, alleine geblieben zu sein. Sie haben ein schlechtes Gewissen und Schuldge-fühle, wenn Sie Ihren Hund allein lassen, sowie die Angst, dass er nicht alleine bleiben kann.	Die ideale Begrüßung: Sie öffnen die Tür, sagen dem Hund kurz, dass Sie wieder da sind. Dann ignorieren Sie ihn und kommen an: Sie ziehen Ihre Schuhe aus, ziehen sich um, essen oder trin-ken etwas, setzen sich auf die Couch und atmen durch. Und erst nach paar Minuten, wenn Sie selbst angekommen sind, wird der Hund begrüßt.

Bedürfnis-pyramide	Ursachen	Lösung
pädago-gisch	Je schlechter der Hund behandelt wird, desto mehr sucht er Trost und Sozialkontakt. Das erklärt auch, warum Trennungsangst nicht mit Strafe gelöst werden kann: Der Hund sucht dann noch mehr den Sozialkontakt.	Jeder Hund muss lernen, entspannt alleine zu bleiben, egal, wie jung oder alt er ist. Nehmen Sie sich dafür gut drei Wochen Zeit und lassen Sie ihn in Minutenschritten immer länger alleine. So lernt er, darauf zu vertrauen, dass Sie immer zu ihm zurückkehren werden und er völlig entspannt abwarten kann, bis Sie wieder zu Hause sind.
	Ihr Hund hat beim Alleinsein traumatische Erfahrungen gemacht, z. B. einen Einbruch, ein starkes Gewitter erlebt oder sich verletzt. Dem Hund wurde nie richtig beigebracht, alleine zu bleiben.	Auch wenn Sie Ihren Hund nie alleine lassen möchten – üben Sie es dennoch wöchentlich, damit es für den Hund trotzdem zur Routine wird. Man weiß nie, vielleicht werden Sie ihn in einem Notfall alleine lassen müssen.

Erkennen Sie sich in Ihrem Hund

Haben Sie einen Hund, der darunter leidet, alleine zu bleiben, obwohl Sie bereits ein Trennungsangst-Training absolviert haben, dann ist es an der Zeit, einen Blick auf sich selbst zu werfen. Wenn Ihr Hund keinesfalls ohne Sie kann und ständig Menschen um sich braucht, hat er womöglich eine bedeutsame Botschaft für Sie. Vielleicht spüren Sie einmal nach, ob Sie sich bewusst oder unbewusst oft einsam fühlen. Haben Sie die Schmerzen des Verlassenseins in Beziehungen, Freundschaften, der Ablösung von den Eltern oder durch einen Todesfall überwunden? Haben Sie das Gefühl, in Ihrem Leben im Stich gelassen worden zu sein? Wie war die Bindung zu Ihrem Vater und/oder Ihrer Mutter? Lenken Sie sich oft durch Gesellschaft und Entertainment ab?

Können Sie gut mit sich selbst allein sein? Haben Sie Angst davor, irgendwann einmal alleine und vereinsamt zurückzubleiben?

Jeder Mensch ist in seinem Leben mit Einsamkeit konfrontiert. Einerseits sind wir soziale Wesen, die lernen müssen, gesunde Beziehungen mit anderen zu führen. Andererseits müssen wir aber auch lernen, das Alleinsein zu lieben. Beides ist wichtig im Leben.

Wir leben in einer Spaßgesellschaft, die ständig neue Reize und Unterhaltung sucht. So haben viele Menschen nie gelernt, das Alleinsein und das damit verbundene »Nichts-Tun« zu genießen. Im Gegenteil, vielen Menschen macht es Angst, alleine zu sein. Diese Angst führt dann unvermeidlich zu Einsamkeit. Um diese zu vermeiden, werden andere Menschen unbewusst als Unterhalter missbraucht.

Ihr Hund dagegen weiß natürlich, dass Sie sich womöglich zu sehr mit anderen Dingen ablenken und sich zu wenig mit sich selbst beschäftigen. Mit seiner Tennungsangst sind Sie nun aufgerufen, Ihrerseits das Alleinsein zu lernen und dabei die Gefühle der Einsamkeit heilen zu lassen. Ein anderes Wort für Einsamkeit ist Abhängigkeit. Menschen, die nicht mit Einsamkeit klarkommen und sie konstant meiden, gehen abhängige Beziehungen zu anderen ein. Sie brauchen andere, um glücklich zu sein, sich sicher zu fühlen und sich zu beschäftigen. Doch in gesunden Beziehungen macht man sich nicht voneinander abhängig. Das schafft nur Dramen und Leid. Harmonische Beziehungen sind gekennzeichnet von Freiheit, Liebe und Akzeptanz.

Wenn Sie die seelische Borschaft Ihres Hundes verstanden haben, werden Sie sich zum Ziel machen, das Alleinsein zu schätzen und zu genießen. Die Frage ist nun, wie Sie dahin kommen können.

Zuerst einmal müssen Sie sich die Emotionen bewusst machen, die Sie vor dem Alleinsein warnen wollen. Sie glauben, dass das Alleinsein etwas Schlechtes und Unangenehmes sei, eine Bestrafung. Das liegt daran, dass Sie irgendwann mal im Stich gelassen wurden, sei es von Ihren Eltern oder Partnern oder Freunden. Sie waren damit sehr überfordert und wussten nicht, wie Sie mit dieser Erfahrung fertigwerden sollten.

Bevor Sie lernen können, das Alleinsein zu genießen, müssen Sie Ihre Gefühle von Einsamkeit zunächst kennenlernen. Das geht am besten, wenn Sie sich nicht mehr chronisch mit anderen Menschen oder Dingen ablenken.

Das Alleinsein schätzen lernen

Das heißt: Suchen Sie bewusst das Alleinsein (auch ohne Ihren Hund) und spüren Sie einmal, was die Situation mit Ihnen macht. Lenken Sie sich dabei nicht ab mit Filmen, Musik oder Büchern. Bleiben Sie einfach nur alleine mit sich selbst, ohne jegliche Ablenkung. So lange, bis tiefere Emotionen hochkommen. Wenn Sie sich dabei unwohl fühlen, unsicher oder genervt, dann nehmen Sie diese Gefühle wahr und atmen Sie bewusst in sie hinein. Sprechen Sie dabei ein Gebet, dass Ihnen geholfen wird. Das Ziel ist, Einsamkeit sowie Angst vor Einsamkeit zu heilen. Beobachten Sie und fühlen Sie. Fragen Sie sich selbst, wo Ihre Angst vor Einsamkeit herkommt. Was ist passiert, dass Sie Angst davor entwickelt haben, alleine zu sein? Sie werden merken, wie dabei das Einsamkeitsgefühl langsam abnimmt. Trennungen werden weniger schmerzhaft, und Sie lernen es zu genießen, alleine und nicht abgelenkt zu sein. Sie finden so mehr zu sich und verbinden sich mit dem All-ein-sein.

Erst im nächsten Schritt suchen Sie Aktivitäten, die Sie alleine machen und Spaß dabei haben. Gehen Sie alleine in Ihr Lieblingsrestaurant oder ins Kino. Verreisen Sie alleine, vielleicht nicht gerade in ein Honeymoon-Resort, sondern an einen Ort, der Sie mit Inspiration, Vision und Kraft nährt. Lernen Sie, das Alleinsein zu genießen. Nehmen Sie alleine ein Bad, streicheln Sie sich, seien Sie selbst

> Ihr bester Freund. Geben Sie sich auch all das, was Sie sich vielleicht von anderen Menschen wünschen, wie Liebe, Aufmerksamkeit, Zeit und Wertschätzung. Nehmen Sie sich vor, nicht mehr von der Liebe und Aufmerksamkeit anderer abhängig zu sein, sondern selbst gut für sich zu sorgen.

Wenn Sie Lust am Alleinsein gewinnen, machen Sie sich klar, dass Sie natürlich weiterhin den Kontakt zu anderen Menschen pflegen wollen. Wir Menschen sind nun einmal soziale Wesen, die andere Menschen brauchen, um ihr Menschsein ganz zu erfahren. Ihr Ziel sollte nicht sein, das Leben eines Mönchs zu führen, es sei denn, Sie sind dafür bestimmt. Doch die meisten Menschen der westlichen Welt, die womöglich in einer Großstadt leben, Jobs, Kinder und Häuser haben, sind dazu aufgerufen, sich dort einen Tempel zu bauen, in den sie sich immer wieder zurückziehen können, anstatt für immer in einem indischen Ashram zu meditieren. Tun Sie das trotzdem, wenn Sie eine Auszeit brauchen, aber sehen Sie das Kloster nicht als Fluchtort, mehr als Kraftort, in dem Sie Heilung finden können, damit Sie das Leben in der westlichen Welt besser meistern können.

Machen Sie also das Alleinsein zu Ihrem Freund und suchen Sie es immer wieder auf. Wenn Ihr Hund merkt, dass Sie vor dem Alleinsein nicht mehr flüchten, sondern es vielleicht sogar genießen und schätzen, dann ist seine Arbeit getan, und er wird seine Trennungsangst loslassen und Ihnen diese neu gewonnene Lebensqualität widerspiegeln.

Ungehorsam

Unter Ungehorsam verstehen wir, dass Ihr Hund Ihre Anweisungen nicht befolgt. Sie geben ein Kommando, das nicht ausgeführt wird. Ihr Hund missachtet oder ignoriert Ihren Wunsch. Bei den meisten Besitzern kommt dann irgendwann Frust auf. Wenn Ihr Hund nicht das tut, was Sie sich von ihm wünschen, fühlen Sie sich missachtet. Vor allem dann, wenn Sie Ihren Wunsch mehrmals äußern und dieser immer noch keine Beachtung findet. Sagen Sie beispielsweise Ihrem Hund mehrmals »Sitz«, und sitzt er beim zehnten Mal immer noch nicht, dann denken Sie vielleicht, dass Sie als Rudelführer nicht gut genug sind, oder, was meistens der Fall ist, Sie geben Ihrem Hund die Schuld und werden wütend auf ihn.

Hunde tun jedoch gerne das, was ihr Besitzer von ihnen möchte. Sie lieben es, für ihren Besitzer »von Nutzen« zu sein. Mit ihrem Dienen zeigen sie uns, wie sehr sie uns lieben. Hunde würden alles für Herrchen und Frauchen tun. Sie würden wahrscheinlich auch solche Wünsche erfüllen, die ihnen selbst nicht guttun. Verlangen Sie beispielsweise ein bewegungsloses »Steh«, wird der Hund alles versuchen, um Ihnen diesen Wunsch zu erfüllen, auch wenn der Asphalt vor Hitze glüht und seine Pfoten heiß werden. Oft zeigen Hunde ihre Schmerzen nicht, weil sie es ihrem Besitzer recht machen wollen.

Vielleicht gibt es aber auch Hunde, die nicht regungslos auf dem heißen Asphalt stehen bleiben, sondern lieber in den Schatten gehen. Für sie wäre der Schmerz an den Pfoten so unerträglich, dass sie sich dagegen wehren. Sie wissen instinktiv, dass es ihnen nicht guttut, ihre Pfoten zu verbrennen, und befolgen daher die Anweisung nicht. Diese Hunde lieben ihren Besitzer genauso, doch ihr Bewusstsein ist schon so entwickelt, dass sie sich nicht für jemand anderen aufopfern wollen. Sie würden nichts tun, was ihnen selbst schaden würde.

In den meisten Fällen aber will Ihr Hund das tun, was Sie ihm sagen. Wenn er es trotzdem nicht tut, kann dies eine ganz sachliche Ursache haben: ein schlichtes Kommunikationsproblem. Ihr Hund versteht nicht ganz, was Sie von ihm wollen. Auch wenn Sie vielleicht der Meinung sind, dass Sie alles klar sagen, kann es trotzdem sein, dass Ihr Körper, Ihre Gedanken und Ihre Gefühle nicht dieselbe Sprache sprechen. Sagen Sie beispielsweise »Sitz«, haben aber Ihren Körper bedrohlich nach vorne über den Hund gebeugt, stampfen nervös herum und denken dabei an etwas ganz anderes oder sind womöglich noch vom Bürojob frustriert, empfindet Ihr Hund Sie als widersprüchlich. Allein schon, wenn Sie ihm »Sitz« sagen und dabei vielleicht eine aggressive Energie ausstrahlen, kann Ihr Hund nicht nachvollziehen, was Sie gerade wollen. Er spürt vor allem Ihre Wut. Dann glaubt er vielleicht, etwas falsch gemacht zu haben, und versucht herauszufinden, was genau nicht stimmt, statt sich auf Ihr Wortkommando »Sitz« zu konzentrieren. Er wartet dann so lange, bis er Ihre Aggression nicht mehr spürt. Und bis dahin beschwichtigt er. Das erklärt auch, warum Hunde erst dann die Dinge tun, die wir von ihnen wollen, wenn es in unseren Augen schon zu spät ist. Der Hund wartet, bis der Stress sich gelegt hat. Dann erst versteht er klar, was unser Wunsch ist.

Befolgt Ihr Hund Ihre Anweisung nicht, dann sollten Sie Ihre Führungs- und Kommunikationsqualitäten mehr schulen. Sie sollten lernen, klar zu sein, bestimmend und gleichzeitig liebevoll zu sagen, was Sie sich wünschen, präsent und fokussiert zu bleiben und die besondere Ausstrahlung zu entwickeln, die ein Rudelführer an den Tag legt. Dieser besitzt eine ganz natürliche Autorität, er muss niemandem beweisen, dass er der Anführer ist. Die Gemeinschaft weiß und spürt, dass dieses Wesen dafür bestimmt ist, ihr Rudelführer zu sein. Und das Rudel führt die Anweisungen des Rudelführers ganz selbstverständlich aus. Denn es weiß, dass dies seiner Sicherheit und dem Wohl aller dient. Da gibt es keinen Zweifel, allenfalls dann, wenn der Rudelführer selbst an sich zweifelt.

Einige Hunde folgen den Anweisungen ihres Besitzers aber auch ganz bewusst nicht. Sie verstehen, was gemeint und gewollt ist. Die Kommunikation ist perfekt. Und trotzdem entscheidet sich der Hund, die Anweisung nicht auszuführen. Nicht aus Protest, sondern weil er damit bestimmte Emotionen in seinem Besitzer wecken will. Emotionen, die angeschaut werden wollen, wie etwa Frust, Wut, das Gefühl zu versagen oder auch Ungeduld und Ohnmacht.

Gefahren für Ihren Hund, wenn er ungehorsam ist

- Grundgehorsam dient dazu, dem Hund einen sicheren und geschützten Raum zu geben. Ein »Sitz«-Kommando kann ihn davon abbringen, vor ein fahrendes Auto zu springen und überfahren zu werden. Ein sicherer Rückruf hindert ihn daran, zu einem potenziell aggressiven Hund zu laufen, der ihn beißen würde. Und wenn eine große Dogge sich im Kaffeehaus hinlegt, wirkt sie weniger bedrohlich als stehend und wird von anderen Menschen leichter akzeptiert. Gehorcht ein Hund nicht, sind diese Sicherheit und Gelassenheit im Alltag nicht gegeben, weder für den Menschen noch für das Tier.
- Gehorsamkeit bedeutet also, dem Hund ein sicheres und entspanntes Leben zu schenken. Indem wir unserem Hund Manieren beibringen und ihm zeigen, wie er sich in der Menschenwelt zu benehmen hat, befreien wir ihn von jeder Menge Stress, negativen Reaktionen von außen und potenziellen Gefahren.

Beobachtungen und mögliche Fehlinterpretationen

- Ihr Hund ist nicht ungehorsam, wenn er das Kommando, das Sie ihm geben, nicht kennt. Kein Hund kommt mit dem Wissen auf die Welt, dass ein nach oben gerichteter Finger mit dem Kommando »Sitz« bedeutet, er solle sich jetzt sofort auf den Hintern setzen. Bevor Sie wütend auf Ihren Hund werden, weil er Ihre Anweisung nicht befolgt, fragen Sie sich, ob er überhaupt gelernt hat, was diese Anweisung bedeutet!

- Hunde lernen im Kontext. Wenn ein Hund in der Hundeschule gelernt hat, bei »Komm« zu Ihnen zu laufen, bedeutet das noch lange nicht, dass er dies auch im Wald tut. Die Anweisungen müssen an verschiedenen Orten erprobt und gelernt werden.
- Erlerntes verlernt man auch wieder. Wenn eine Anweisung nicht regelmäßig geübt wird, vergisst der Hund, was damit gemeint ist. Und wenn Sie kleine Abweichungen erlauben, zum Beispiel immer zweimal rufen, bevor Ihr Hund tatsächlich kommen muss, dann wird er sich das auch merken: Erst der zweite Ruf ist ernst gemeint.
- Sehr oft gehorchen unsere Hunde nicht, weil sie unter Stress stehen. Das erkennen Sie daran, dass Ihr Hund beschwichtigt. Stellen Sie sich dann die folgenden Fragen: Bin ich zu streng zu meinem Hund? Ist meine Körpersprache unklar oder gar bedrohlich? Strahle ich Wut aus statt Zuneigung und Liebe?

Ursachen, wenn Ihr Hund selten gehorsam ist

Bedürfnis-pyramide	Ursachen	Lösung
körperlich	Ihr Hund ist körperlich beeinträchtigt, z. B. durch Schmerzen in den Gelenken; sein Hörsinn ist geschwächt, ein Nerv eingeklemmt.	Lassen Sie Ihren Hund körperlich regelmäßig von einem Arzt, Physiotherapeuten oder Tierenergetiker untersuchen.
	Ihr Hund ist unter- oder überbeschäftigt. Ein Hund, der tagelang nicht frei laufen konnte, wird kaum brav über eine längere Distanz bei Fuß gehen können. Und ein Hund, der müde ist, wird nicht ständig den Ball holen wollen.	Achten Sie darauf, keine schwierigen Anweisungen zu geben, wenn Ihr Hund noch komplett überdreht oder todmüde ist.

Bedürfnis-pyramide	Ursachen	Lösung
	Hunger spielt eine große Rolle beim Gehorsam. Ein Hund, der Hunger hat, konzentriert sich ausschließlich auf das Fressen und wird in der Euphorie wahrscheinlich nicht klar verstehen, was Sie sich von ihm wünschen	Füttern Sie Ihren Hund vor wichtigen Ereignissen, bei denen er »brav« sein muss, und er wird folgsamer sein. Sein Magen ist beruhigt, und sein Hirn hat genügend Nährstoffe, um bestmöglich zu arbeiten.
psycho-logisch	Sie stehen nicht hundertprozentig zu Ihrem Kommando und glauben selbst nicht, dass der Hund es ausführen wird. Ihr Hund ist gestresst oder ängstlich. Er fühlt sich im Moment oder generell unwohl und unsicher.	Stärken Sie Ihre Führungsrolle, indem Sie lernen, zu Ihren Entscheidungen zu stehen und an sich selbst zu glauben. Achten Sie darauf, wie es Ihrem Hund gerade geht. Nur wenn er sich wohlfühlt und einigermaßen gelassen ist, kann er auf Sie eingehen. Das erreichen Sie, indem Sie selbst gelassen und ruhig sind.
	Ihr Hund hat das Gefühl, dass Sie nicht für ihn da sind bzw. nicht für ihn, sondern nur für sich selbst sorgen.	Seien Sie für Ihren Hund da. Handeln Sie zum Wohl des Hundes. Machen Sie ihm klar, dass Ihre Anweisungen gut für ihn sind.
kommuni-kativ	Ihre Kommunikation ist nicht authentisch. Ihre Stimme, Ihr Körper, Ihre Gedanken und Gefühle senden nicht die gleiche Botschaft aus, sondern sind widersprüchlich. Ihr Hund ist gerade nicht mit seiner Aufmerksamkeit bei Ihnen und nimmt Ihre Anweisung somit nicht wahr.	Bevor Sie Ihrem Hund eine Anweisung geben, stellen Sie sich vor, was Sie sich von ihm wünschen. Kommen Sie dann in das entsprechende Gefühl. Und erst dann unterstreichen Sie die Botschaft mit Stimme und Körpersprache. Motivieren Sie Ihren Hund, immer wieder mit Ihnen in Kontakt zu treten, damit Sie seine Aufmerksamkeit haben.

Bedürfnis-pyramide	Ursachen	Lösung
	Die Reaktion Ihres Hundes auf die Anweisung wird von Ihnen fehlinterpretiert, z. B. verstehen Sie Beschwichtigungssignale als Ungehorsamkeit.	Lernen Sie die Sprache Ihres Hundes verstehen!
pädagogisch	Es herrscht zu viel Ablenkung. Ihr Hund hat in dieser Situation nicht gelernt, den Fokus zu halten.	Nasenarbeit und Trickschule helfen Ihrem Hund zu lernen, den Fokus zu halten. Und Ihnen gleichzeitig auch. Das unterstützt Sie dabei, anschließend beim Grundgehorsam ruhig und klar zu reden, und Ihrem Hund hilft es, richtig zu reagieren.
	Sie haben Ihr Kommando oft falsch eingesetzt oder Ihren Hund falsch gelobt. Das Kommando verliert damit an Ernsthaftigkeit für den Hund.	Die drei wichtigsten Kommandos »Sitz«, »Komm«, »Schau mich an« sollten Sie *ausschließlich* gezielt und bewusst einsetzen. Suchen Sie sich für diese drei Anweisungen Wort- und Körpersignale, die Sie im üblichen Alltag ansonsten nie verwenden, damit Ihr Hund zuverlässig auf Sie eingeht.
	Sie haben Ihrem Hund nicht klar genug gezeigt, welches Verhalten von ihm Sie sehen möchten, wenn er diese bestimmte Anweisung bekommt.	Setzen Sie beim Erlernen neuer Anweisungen Futterbelohnungen bewusst und richtig ein. Nicht zum Locken, nicht zum Ablenken, sondern um genau in der richtigen Sekunde das passende Verhalten zu belohnen.

Erkennen Sie sich in Ihrem Hund

Hört Ihr Hund wiederholt nicht auf Sie, dann sollten Sie beginnen, sich Gedanken zu machen. Höchstwahrscheinlich hat er eine seelische Botschaft für Sie. Sie sollten sich beispielsweise fragen, wie klar Sie kommunizieren. Wollen Sie das, was Sie Ihrem Hund befehlen, wirklich? Und wenn Sie etwas wollen, sind Sie dann ganz sicher, dass Sie es bekommen werden? Und wenn ja, wissen Sie auch, wie Sie es sagen, mit welchem Ton, mit welcher Kraft und Energie? Achten Sie dabei auf Ihre Gefühle und Gedanken, ob Ihr Wunsch, das Gesagte und die Körpersprache den gleichen Wunsch aussenden. Das alles mag jetzt ein wenig kompliziert klingen, schließlich wollen Sie vielleicht »nur« ein »Sitz« von Ihrem Hund sehen, aber unterschätzen Sie die Kraft der Kommunikation nicht, auch für Ihr eigenes Leben. Wenn Sie lernen, Ihrem Hund klare, eindeutige Botschaften zu vermitteln, wird Ihnen dies auch in allen anderen Bereichen Ihres Lebens besser gelingen. Sie können also nicht nur lernen, von Ihrem Hund das zu bekommen, was Sie sich wünschen.

Wenn Ihr Hund Sie nicht ernst nimmt, fragen Sie sich auch, in welchem Maße Sie sich selbst ernst nehmen. Gehören Sie vielleicht zu jenen Menschen, die immer angepasst waren und gehorcht haben? Spiegelt Ihnen Ihr Hund vielleicht ein Verhalten, das nicht mit Ihren Wertvorstellungen übereinstimmt? Nicht immer gehorchen Lebewesen und sind brav oder angepasst. Sie sollten es vielleicht auch nicht sein. Fangen Sie also an, sich selbst ernst zu nehmen und Ihren eigenen Wünschen und Bedürfnissen nachzukommen. Dann wird Ihr Hund es auch tun.

Ganz gleich, was der wahre Grund auf der seelischen Ebene sein mag, Ihr Hund hat eine Mission. Nämlich dass Sie lernen sollen, sich zu einer natürlichen Autorität zu entwickeln, die so viel Liebe, Kraft, Selbstsicherheit und Klarheit ausstrahlt, dass es gar nicht mehr anders geht, als ihr zu folgen. Ihr Hund würde sagen: »Ich befolge sehr gerne deine Anweisung, aber nicht aus Angst oder Mitleid, sondern aus Liebe und Stolz.« Er sieht Ihre Führungsqualitäten, die Sie mit einer ganz sanften, schönen, bestimmenden Energie ausstrahlen. Er sieht zu Ihnen auf und denkt sich: »Dieser Mensch muss etwas ganz Besonderes sein. Alles, was er sagt und will, muss einen guten Grund haben. Also ist es für mich eine Ehre, all das zu tun, was sich dieser wunderbare Mensch von mir wünscht.« Verzweifeln Sie daher nicht, wenn Ihr Hund oft nicht das tut, was Sie sich von ihm wünschen, sondern wachsen Sie lieber an seinem Ungehorsam. Werden Sie zu einem Rudelführer mit einer ganz besonderen Ausstrahlung, die eine natürliche Autorität mit viel Liebe und Mitgefühl verbindet.

Wenn Sie die seelische Botschaft Ihres Hundes verstanden haben, können Sie Folgendes tun:

• Beginnen Sie zunächst, sich geistig zu zentrieren. Kommen Sie wieder zu sich, statt ständig in Gedanken zu sein. Werden Sie präsent. Atmen Sie mehrmals tief durch und setzen Sie sich zum Ziel, so oft es geht daran zu denken, wieder mehr bei sich selbst zu sein. Nutzen Sie Ihre Atmung als Tor, um sich wieder mit sich selbst zu verbinden.

• Machen Sie sich im nächsten Schritt klar, was Sie wirklich wollen, und hören Sie dabei auf Ihr Herz. Tauchen Sie tief in Ihr Herz hinein, atmen Sie mehrmals ein und lassen Sie nun Ihr Herz sprechen. Auch ein simples »Sitz« kann aus dem Herzen heraus gewünscht sein. Sie müssen natürlich nicht jedes Mal diesen Prozess durchgehen, wenn Sie Ihrem Hund ein Kommando geben, doch wenn die Ungehorsamkeit Ihres Hundes ein Problem für Sie ist, dann laden wir Sie ein, das auszuprobieren. Gehen Sie den bewussten Weg.

• Machen Sie sich klar, dass all das, was Sie wollen und sich wünschen, Wertschätzung und Anerkennung verdient. Es reicht vollkommen, wenn Sie selbst davon überzeugt sind. Das bedeutet, dass Sie spüren müssen und sich immer wieder klarmachen sollten, dass Ihre Wünsche wichtig sind und es verdient haben, gehört zu werden. Dabei ist noch nicht relevant, ob sie von jemandem befolgt werden oder nicht. An dieser Stelle des Prozesses geht es nur um Sie und Ihre Wünsche.

Respektvoll und bestimmt Kommandos geben

1. Setzen Sie sich hin oder stehen Sie an einem ruhigen Ort. Sehen Sie ganz liebevoll Ihren Hund an und atmen Sie ein und aus. Sagen Sie ihm, dass Sie ihn lieben und sein Sein ehren. Und danken Sie ihm dafür, dass er Sie liebt und Sie in Ihrem Sein ehrt.

2. Nehmen Sie sich vor, alles, was bisher zwischen Ihnen und Ihrem Hund geschehen ist, ruhen zu lassen. Sie sind bereit für ein neues Miteinander, das von Liebe, Respekt und Wertschätzung geprägt ist.

3. Blicken Sie auf Ihren Hund und fühlen Sie dabei die Stabilität und das Selbstbewusstsein, die Sie von der Erde her durchdringen. Mutter Erde ist ein Wesen, das Sie mit Wasser, Nahrung, Licht und Liebe nährt. Sie gibt Ihnen Halt und Kraft. Verbinden Sie sich mit dieser Energie, die aus dem Boden zu Ihnen strömt. Allein schon der Gedanke an Mutter Erde verbindet Sie mit ihrer Kraft.

4. Sagen Sie nun zu Ihrem Hund »Sitz« (oder ein anderes Kommando) mit einer sanften, aber bestimmten Stimme. Der sanfte Ton kommt aus Ihrem Herzen und der bestimmte aus der Erde. Warten Sie dann einfach nur ab. Seien Sie liebevoll und vorurteilsfrei. Sie sind beide hier, um zu lernen und miteinander zu wachsen.

5. Wenn Ihr Hund nun Ihr Kommando ausführt, dann danken Sie ihm. Und wenn nicht, dann verzeihen Sie Ihrem Hund und sich selbst und probieren Sie es wieder, bis es klappt. Machen Sie dabei Geduld und Mitgefühl zu Ihrem Meister.

Sie können natürlich auch mit anderen Menschen in dieser Präsenz und Kraft kommunizieren. Wenn Sie mehr wahrgenommen werden wollen, müssen Sie für andere auch mehr anwesend sein. Sie sollten dazu mit Ihrem Körper und Ihrer Atmung verbunden sein. Befreien Sie auch Ihren Geist von allem Gedankenmüll und nehmen Sie sich vor, mit einem Gefühl der Weite und Selbstsicherheit zu kommunizieren. Tun Sie das nur dann, wenn Sie davon überzeugt sind, dass Sie all das, was Sie sich wünschen, auch selbst für wichtig erachten und wirklich wollen. Sie verdienen es, auf sich selbst zu hören und gehört zu werden. Hören Sie daher weniger auf andere, wenn Sie bisher immer brav waren. Leben Sie Ihr Leben lieber selbstbestimmt.

Bellen

Wenn ein Hund »zu viel« bellt, sprechen Hundebesitzer gern von einer Verhaltensstörung. Doch Bellen ist für jeden Hund etwas ganz Natürliches. Durch Bellen kann sich ein Hund ausdrücken und kommunizieren. Es ist Teil seiner Sprache, genau wie Wörter, die Menschen benutzen, um zu kommunizieren. Bellen ist daher keine Verhaltensstörung, vielleicht aber ein unerwünschtes Verhalten. Wenn Bellen zu einem unerwünschten Verhalten wird, dann liegt dies daran, dass der Hund für unser Empfinden zu oft bellt, zu laut bellt, in Situationen bellt, in denen er es lieber nicht tun sollte oder in denen es unserer menschlichen Einschätzung nach gar keinen Grund fürs Bellen gibt. Bellt Ihr Hund aber sehr viel, dauernd und überall, dann will er etwas deutlich machen oder auch loswerden. Hundebesitzer reagieren bei einem chronischen Bellen genervt und wollen es unterbinden. Wenn das auf Dauer aber nicht funktioniert, ist es an der Zeit, genauer hinzuhören und das Bellen des Hundes auf einer tieferen Ebene verstehen zu lernen.

Genauso wie Menschen, die vielleicht zu viel reden oder ständig im Mittelpunkt stehen wollen, haben auch ständig bellende Hunde ein ausgeprägtes Mitteilungsbedürfnis. Statt das Bellen zu unterbinden und es mit fragwürdigen Erziehungsmethoden unter Kontrolle zu halten, müssen Sie lernen, es mit Offenheit und Akzeptanz zu würdigen und zuzuhören, was Ihr Hund zu sagen hat. Erst dann sind Sie auch bereit, die wahre Ursache seines Bellens zu erkennen und Ihrem Hund das Problem oder die Sorge zu nehmen. Denn genau darum geht es. Es ist nicht schlimm, *dass* Ihr Hund häufig bellt, denn Bellen ist für einen Hund etwas ganz Normales. Sehr wohl aber geht es um die Frage, *warum* Ihr Hund viel bellt und welches Mitteilungsbedürfnis dahintersteckt. Erst dann können Sie erfolgreich sein unerwünschtes, zu lautes oder exzessives Bellen in den Griff bekommen. Aber nicht, weil Sie es unterbinden, sondern weil Ihr Hund sich verstanden fühlt.

Hunde, denen man das Bellen zu oft untersagt, werden irgendwann aggressiv oder unberechenbar. Man erlaubt ihnen nicht, sich auszudrücken. Andere Hunde ziehen sich lieber zurück und schlucken alles hinunter. Sie wirken apathisch und distanziert. Hinter jedem Bellen stecken der Wunsch nach Aufmerksamkeit und eine Botschaft, die der Hund übermitteln will. Ein Hund bellt, weil er voller Freude ist, warnen möchte, sich zu verteidigen versucht, Angst spürt oder frustriert ist, aber auch, weil er vielleicht gelernt hat zu bellen, um überhaupt wahrgenommen zu werden.

Gefahren für Ihren Hund, wenn er ständig bellt

- Das Bellen an sich ist keine Gefahr für den Hund, doch ein Hund, der viel bellt, kann sich beispielsweise bei Nachbarn unbeliebt machen. Hunde, die viel bellen, werden ebenso wie ihre Besitzer häufig schief angesehen – übrigens nicht nur von Menschen, sondern auch von anderen Hunden. Für Ihren Hund droht die Gefahr sozialer Ausgrenzung.

- Die wahre Gefahr beim Bellen ist, es zu unterbinden, ohne verstehen zu wollen, warum der Hund bellt. Bellte er, weil er sich verteidigen wollte oder Angst hatte, dann wird er diese Warnung beim nächsten Mal überspringen und gleich beißen. (Das Gleiche gilt beim Knurren, das unterbunden wird.) Und bellte er, weil er sich von Herzen freute, und wurde deswegen bestraft, dann glaubt er, nicht für sein Bellen bestraft worden zu sein, sondern dafür, dass er sich gefreut hat. Und er wird Freude nicht mehr zulassen.
- Wenn ein Hund nahezu ununterbrochen bellt, können auch körperliche Beschwerden auftreten: gereizte Stimmbänder, Heiserkeit, Halsschmerzen sowie Atmungs- und Durchblutungsprobleme. Und wenn das Bellen eine wichtige Botschaft übermitteln soll, die aber nicht verstanden wird, kann sich im Maul Ihres Hundes oder im Halsbereich Krebs entwickeln, der psychosomatisch für nicht ausgedrückte und/oder nicht verstandene Emotionen steht.

Beobachtungen und mögliche Fehlinterpretationen

Das Bellen an sich ist nie das Problem, da es zum natürlichen Ausdrucksverhalten des Hundes gehört. Die Frage ist: Was steckt hinter dem Bellen beziehungsweise warum bellt mein Hund? Das Bellen eines Hundes sollte nicht unterbunden werden, sondern es sollte an der Ursache des Bellens gearbeitet werden. Egal, ob es das Bellen beim Läuten ist, das freudige Bellen bei Begrüßungen oder das aufmerksamkeitsfordernde Bellen beim Spielen.

Ursachen, wenn Ihr Hund oft bellt

Die Ursache fürs Bellen ist immer der Wunsch, sich auszudrücken. Was ein Hund mit seinem Bellen sagen will beziehungsweise welches Gefühl er ausdrücken will, können Sie anhand der folgenden Tabelle besser verstehen.

Die sechs Arten zu bellen	Beispiel	Was der Hund sagen will	Wie Sie reagieren sollten
Freude-, Erwartungs- oder Erregungsgebell	Aufgeregtes, schnelles Bellen, verbunden mit Winseln und hektischen Körperbewegungen, z. B., wenn Sie nach einem Arbeitstag von Ihrem Hund begrüßt werden.	Hund ist (meist positiv) aufgeregt und freut sich.	Sie sollten ruhig bleiben und Alternativverhalten anbieten, falls das Bellen unerwünscht ist. Ihren Hund sollten Sie erst beachten, wenn er wieder ruhig ist.
Warngebell	Ein einzelner kurzer, scharfer Beller in tiefer Tonlage, verbunden mit einem Erstarren des Körpers, z. B., wenn Ihr Hund abends aus dem Fenster schaut und glaubt, einen Schatten zu sehen.	Ihr Hund warnt vor potenzieller Gefahr und ruft das Rudel zusammen, damit es sich gemeinsam schützen oder wehren kann. Angriff wäre der nächste Schritt, selten die Flucht.	Bedanken Sie sich bei Ihrem Hund für die Warnung, stellen Sie sich dann zwischen ihn und die potenzielle Gefahr und entscheiden Sie, ob Handlungsbedarf besteht oder alles in Ordnung ist. Zeigen Sie Ihrem Hund mit Handzeichen (flache Hand zeigen), dass alles unter Kontrolle ist.
Verteidigungsgebell	Abwechselndes Bellen und Knurren, je aufgeregter, umso näher die erkannte Gefahr kommt, mit angespanntem Körper und Scheinattacken, z. B. um Nahrung oder Besitz zu verteidigen.	Ihr Hund verteidigt seine Ressourcen, egal, ob es sich um Ihr Grundstück oder sein Futter oder Spielzeug handelt. Dieses Gebell kommt oft an der Leine vor, im eigenen Garten oder Auto.	Stellen Sie sich zwischen Gefahr und Hund, lenken Sie Ihren Hund ab oder verlangen Sie streng »Sitz«. Geben Sie Ihrem Hund auf bestimmte Art Anweisung, was er tun soll, und seien Sie dabei fokussiert. So werden Sie langfristig Vertrauen aufbauen und die Rudelführung übernehmen. Siehe auch unter »Aggression«.

Die sechs Arten zu bellen	Beispiel	Was der Hund sagen will	Wie Sie reagieren sollten
Angstbellen	Mit Jaulen oder Heulen verbundenes Bellen in hoher Tonlage, sehr hektisch und nervös klingend, die Körperhaltung Ihres Hundes ist flüchtend und nach hinten gerichtet, z. B. wenn der Hund sich unter einer Bank versteckt, weil er von mehreren fremden Hunden gejagt wird.	Ihr Hund hat große Angst, ist verzweifelt, sagt Ihnen, dass er Hilfe braucht. Wenn er keine Hilfe bekommt, wird er sich mit einem Angriff wehren.	Sie müssen jetzt für Ihren Hund da sein, sofort einspringen und ihn mit allen zur Verfügung stehenden Mitteln beschützen. Wichtig ist, dass Sie ihn nicht loben oder versuchen, ihn zu beruhigen, sondern sich zuerst darum kümmern, dass die Gefahr verschwindet. Siehe auch unter »Angst«.
Frustrationsbellen	Eintöniges, monotones, ständig wiederholtes, lang gezogenes Bellen, oft mit Heulen verbunden. Stereotypes Verhalten, Autoaggression oder komplette Apathie, z. B. wenn der Hund unter Trennungsangst leidet.	Ihr Hund fühlt sich extrem einsam, verlassen und frustriert. Sein Bellen ist eines der Symptome der Trennungsangst.	Gehen Sie zu Ihrem Hund, damit er sich wieder fängt. Sie sollten ihn aber weder bestrafen noch belohnen, noch groß beruhigen oder nett mit ihm reden. Am besten ist es, wenn Sie körperlich präsent sind, ihn aber ansonsten ignorieren, bis er sich beruhigt hat. Dann bringen Sie ihm schrittweise bei, alleine zu bleiben. Siehe unter »Trennungsangst«.
Erlerntes Bellen	Ihr Hund schaut Sie an und bellt. Immer gleich und immer nur bei Ihnen. Oder: Ihr Hund bringt einen Ball und bellt, bis er geworfen wird. Oder: Ihr Hund bellt und schaut dabei Ihr Essen an, er bettelt.	Ihr Hund will etwas ganz Bestimmtes von Ihnen, meist Aufmerksamkeit, Futter oder Spiel, und hat mit der Erfahrung gelernt, dass er es bekommt, wenn er bellt.	Beobachten Sie Ihren Hund, versetzen Sie sich in ihn hinein, um herauszufinden, ob er beschützt werden will, Angst hat, frustriert ist oder ob er nur bellt, um etwas von Ihnen zu bekommen. Fragen Sie sich: Habe ich meinem Hund beigebracht, in dieser Situation zu bellen? Will ich es so haben, oder ändere ich es jetzt?

Erkennen Sie sich in Ihrem Hund

Wenn das Bellen Ihres Hundes Sie belastet und Sie sich dadurch genervt, frustriert oder beschämt fühlen, können Sie davon ausgehen, dass Ihr Hund Sie auf etwas aufmerksam machte möchte, das mit Ihnen zu tun hat.

Sind Sie vielleicht selbst eine eher unscheinbare Persönlichkeit und wirken auf andere Menschen schüchtern, haben dagegen einen Hund, der immer und überall auffällt, dann dürfen Sie lernen, mehr aus sich herauszugehen. Ihre Aufgabe besteht dann darin, sich selbst und Ihr Sein stärker zum Ausdruck zu bringen. Sie sollten lernen, Ihre Wünsche und Bedürfnisse zu äußern, auch einmal Nein zu etwas zu sagen, das Ihnen nicht gefällt. Schämen Sie sich für das Bellen Ihres Hundes, bedeutet dies, dass Ihnen möglicherweise sehr wichtig ist, was andere über Sie sagen oder denken. Hier hätten Sie die Möglichkeit, sich von der Meinung anderer unabhängiger zu machen. Ihr Hund hat es sich zu Aufgabe gesetzt, Ihnen dabei zu helfen, ausdrucksfreier zu sein, aus sich herauszugehen, ungehemmter zu werden und auf die Meinung anderer öfter mal zu pfeifen. Sie dürfen nun auch selbst einmal Ihre Stimme erheben und Ihrem bislang unbewussten Wunsch nachkommen, mehr gehört und wahrgenommen zu werden. Durch das Bellen zieht Ihr Hund die Aufmerksamkeit auf sich, und es ist wohl an der Zeit, dass Sie selbst mehr gesehen werden. Zeigen Sie sich mehr und haben Sie keine Angst vor dem, was andere über Sie denken könnten. Ihre Aufgabe ist, unabhängig zu sein, und nicht, sich ständig einzuschränken. Zeigen Sie daher noch mehr Ihre Gefühle, die positiven und auch die nicht so schönen, denn beides gehört zum Leben eines Menschen dazu. Erst wenn Sie es schaffen, sich selbst mit allen Gefühlen, den hellen und den düsteren, anzunehmen und diese auch zu zeigen statt zu verstecken, können Sie Ihr Menschsein ganz erfahren und Ihr Leben voll leben.

Ganz anders liegen die Dinge natürlich, wenn Ihr Hund bellt, um Sie vor etwas zu warnen. Hier sind Sie aufgerufen, sich vor etwas zu schützen. Sie müssen womöglich mehr unterscheiden lernen, welche Menschen Ihnen guttun und von wem Sie sich lieber distanzieren sollten. Sie lassen sich wahrscheinlich zu oft ausnutzen, absorbieren die negative Energie anderer und sind ein leichtes Ziel. Sie fühlen sich daher oft müde und erschöpft. Sie verspüren eine Lebensmüdigkeit und wachen vielleicht morgens schon mit einem mulmigen Gefühl auf. Ihr Hund will Ihnen mit seinem Warnbellen zeigen, dass Sie mehr auf sich selbst schauen und unterscheiden sollten zwischen Menschen, die Ihnen guttun, und solchen, bei denen das nicht der Fall ist. Zu Menschen, die Ihnen guttun, dürfen und sollen Sie selbstverständlich Nähe suchen.

Bellt Ihr Hund aus Angst heraus, dann vielleicht deswegen, um Ihnen zu zeigen, dass Sie zu wenig Vertrauen in den Fluss des Lebens haben. Sie versuchen alles zu kontrollieren und selbst zu steuern, anstatt darauf zu vertrauen, dass sich alles zu Ihrem Besten ergeben wird. Sie sollen weiterhin das Steuer in den Händen halten, gleichzeitig aber damit rechnen, dass der Wind des Lebens Sie in die richtige Richtung treiben wird. Sie dürfen selbst die Ärmel hochkrempeln und Ihr Leben in die Hand nehmen, sollten dabei aber nicht vergessen, dass es das Universum, die Sterne, Mutter Erde, die Tiere, Pflanzen und Steine sowie Erdelemente gibt – alles Kräfte und Energien, die einen Plan für Sie haben. Sorgen Sie gut für sich selbst, aber vergessen Sie auch nicht, dass das Leben Sie nährt, auch wenn Sie nichts dafür tun. Wenn Sie sich unsicher fühlen, dann liegt das nur selten an äußeren Faktoren. Unsicherheit kann auch nur in Ihrem Kopf existieren. Sie ist ein Gedanke, der die Kraft besitzt, die Welt so aussehen zu lassen, wie Sie sie gedanklich wahrnehmen. Entscheiden Sie sich daher lieber, den Gedanken von universeller Geborgenheit und Sicherheit in sich zu veranken, und achten Sie darauf, wie sich danach auch Ihr Blick auf die Welt verändert.

Wenn Sie verstanden haben, dass Ihr Hund eine Seelenbotschaft für Sie hat, können Sie die folgende Übung ausprobieren:

Das Bellen als Botschaft verstehen lernen

Nehmen Sie zunächst eine urteilsfreie und erwartungslose Haltung ein, um das ständige Bellen Ihres Hundes genauer zu deuten. Setzen Sie sich hin und hören Sie seinem Bellen zu. Fragen Sie ihn dabei, was er Ihnen damit sagen möchte. Machen Sie Ihren Kopf frei und blicken Sie Ihn neugierig an. Sollten Sie genervt sein, dann brechen Sie die Übung ab und kümmern sich zuerst um Ihre eigenen Emotionen. Die haben immer Priorität. Atmen Sie in die Emotion hinein und mit einem Seufzer aus, als würden Sie die Emotion loslassen wollen. Stellen Sie Ihrem Hund folgende Frage: »Was willst du mir sagen, was für mich gedacht ist?« Versichern Sie ihm, dass Sie nun bereit sind zu verstehen, was an Ihnen sein Bellen auslöst. Auch wenn Sie nicht gleich eine Antwort oder die Lösung bekommen – mit einer Frage initiieren Sie den Prozess zur Aufklärung.

Machen Sie diese Übung jedes Mal, wenn Ihr Hund bellt, statt das Bellen wie üblich zu unterbrechen. Holen Sie sich ruhig Hilfe und fragen Sie Freunde, Bekannte und einen Tierkommunikator, ob die Ursache für das Bellen vielleicht etwas mit Ihnen zu tun haben könnte. Denken Sie an die möglichen Ursachen, die wir Ihnen weiter oben vorgestellt haben. Gehen Sie genug selbst aus sich heraus? Zeigen Sie Ihre Emotionen und Gefühle frei? Kümmern Sie sich um Ihre eigene Energie und lassen sich nicht von anderen Menschen absorbieren? Vertrauen Sie in den Fluss des Lebens und lassen sich hin und wieder einfach treiben, statt alles unter Kontrolle haben zu wollen? Seien Sie dabei neugierig und vorurteilsfrei, auch sich selbst gegenüber. Statt sich Vorwürfe zu machen, die Sie im Leben nie weiterbringen, machen Sie sich lieber klar, dass Sie es verdient haben, sich vollständig zu mögen, wie Sie sind. Und weil Sie ein so toller Mensch sind, möchten Sie gerne noch mehr aus sich herauswachsen.

Das gilt für jeden Erkenntnisweg, den Sie gehen. Viele Menschen neigen dazu, sich selbst zu verurteilen und sich mit Vorwürfen zu überhäufen, wenn sie feststellen, dass sie vielleicht der Auslöser eines bestimmten Verhaltens bei ihrem Hund sind. Wenn Sie sich selbst als nicht gut genug empfinden, sich runterziehen oder sogar mit Selbstvorwürfen quälen, dann machen Sie sich klar, dass genau diese Einstellung Sie dort hält, wo Sie nicht sein wollen. Sie müssen daher lernen, sich mehr zu lieben, wertzuschätzen und anzunehmen. Geben Sie sich selbst die Erlaubnis, etwas zu verändern. Schuldgefühle halten Sie in Ihrem Verhalten fest, Liebesgefühle dagegen machen Sie frei. Wenn Sie also besser werden wollen, mehr wachsen und sich immer wieder neu erfinden möchten, dann müssen Selbstliebe, Akzeptanz und Selbstwertschätzung in Ihnen wachsen. Nur so werden Sie zu einem vollständigen und ganzen Menschen, statt ständig an Ihren (vermeintlichen) Ecken und Kanten herumzufeilen.

6

Spirituelle Heilung für Tier und Mensch

Was uns Lebensenergie schenkt

Wir alle sind Heiler. Jeder von uns verfügt über angeborene Selbstheilungskräfte. Kleinere Wunden verheilen von alleine, sogar Knochen wachsen wieder zusammen, und das Immunsystem steuert die Gesundheit eines ganzen Organismus. Der Körper regeneriert und entgiftet sich ständig. Alle paar Monate bis Jahre haben wir eine neue Haut, neue Organe, neues Blut und neue Knochen.

Jede Krankheit hat ihren Ursprung im Energiesystem des Körpers. Energie bedeutet schlicht Lebenskraft, und wenn diese Kraft im Körper nicht ungehindert fließen kann, entsteht eine Blockade. Diese Blockade führt zu einer unzureichenden Versorgung mit Energie. Wenn die Energie nicht fließen kann, mangelt es an Vitalität. Ein anderes Wort für Vitalität ist Vibration oder Schwingung. Ein gesunder Energiekörper vibriert oder schwingt kräftig. Ein ungesunder dagegen schwach. Wenn etwas ganz tief vibriert, dann wirkt es unlebendig.

Folgende Faktoren verursachen einen Energiestau: Umweltgifte, falsche Ernährung, Unfälle und Operationen. Eine Blockade kann aber auch psychisch ausgelöst sein: Traumata, Stress, Psychosen oder Neurosen verursachen einen Energiestau.

Energetisch gesehen zielt jede Therapie darauf ab, tief schwingende Energie in hoch schwingende Vitalität zu verwandeln. Heilung funktioniert nur dann, wenn die Schwingung erhöht wird. Genau dies bewirken Heilkräuter, besondere Farbschwingungen, Bachblüten und gängige alternative Heilmethoden, aber auch ein Heiler, der fähig ist, durch seine Arbeit die Energie eines anderen Lebewesens zu erhöhen. Daher fühlen Sie sich auch nach einer Heilsitzung wesentlich besser. Ihr Körper schwingt höher und fühlt sich gesünder an.

Wenn Sie gesund bleiben wollen, ist es Ihre Aufgabe, die Energie auf einem hohen Level zu halten. Es gibt verschiedene Wege, wie Sie das tun können. Grundsätzlich alles, was Ihnen und Ihrem Körper guttut, erhöht Ihren Energielevel. Sie sollten daher unbedingt jenen Aktivitäten im Leben nachgehen, die Ihnen Spaß, Freude, Liebe, Schönheit, Leidenschaft und Sinn geben. Das macht Sie vital und gesund. Gleichzeitig sollten Sie Nahrung zu sich nehmen, die Ihnen guttut. Wir möchten hier von detaillierten Ernährungsempfehlungen absehen. Hilfreich ist, wenn Sie sich die Frage stellen, ob das, was Sie essen, sauber, frisch, schmackhaft und liebevoll zubereitet wurde. Ein klares Zeichen dafür, dass Ihr Essen Ihnen nicht guttut, ist, wenn Sie sich nach dem Essen schwer oder müde fühlen. Essen soll Energie geben, nicht rauben. Essen Sie das Richtige, fühlen Sie sich den ganzen Tag über gestärkt und vital.

Zusätzlich sollten Sie die vier Elemente mitberücksichtigen. Frisches Wasser, saubere Luft, eine natürliche Umgebung und viel Sonne steigern Ihre Energie. Unterschätzen Sie nicht die heilsame Wirkung der Natur und ihrer Pflanzen, Kräuter, Steine und Mineralien. Besonders der Kontakt zur Natur versorgt uns mit Kraft und Energie.

Wenn Sie daher mehr an Vitalität und Energie gewinnen wollen, müssen Sie die beste Nahrung zu sich nehmen, sich in einer hoch schwingenden Umgebung aufhalten und ein Leben voller Liebe, Spaß und Freude führen. Ganz gleich, an welcher Krankheit Sie eventuell leiden, achten Sie zunächst darauf, dass Sie das Richtige essen, sich an kraftspendenden Orten aufhalten und das Leben bejahen. Kümmern Sie sich natürlich auch um die Botschaften, die in der Krankheit liegen. Das gilt für Sie und natürlich auch für Ihren Hund.

Vom Spiegelverhalten des Hundes lernen und sich dabei selbst heilen

Wenn Sie das Gefühl haben, dass das Verhalten Ihres Hundes etwas mit Ihnen zu tun haben könnte, dann geht es zuerst um Sie. Sie sollten sich zum Ziel setzen zu verstehen, welche unbewussten Muster bei Ihnen das Verhalten Ihres Hundes auslösen und was er Ihnen mit seiner Reaktion deutlich machen möchte. Ihr Hund zeigt Ihnen, wer Sie sind, damit Sie sich in ihm erkennen können. Bleiben Sie dabei geduldig und neugierig. Gehen Sie die Sache nicht mit Schuldgefühlen und Stress an. Betrachten Sie das Verhalten Ihres Hundes stattdessen als Möglichkeit für Sie beide, dazuzulernen und über sich hinauszuwachsen. Nutzen Sie jeden Konflikt als Chance, und sehen Sie das Geschenk in jeder Herausforderung. Jeder Konflikt im Leben hat das Potenzial, Sie bewusster, stärker und weiser zu machen. Wenn Sie Ihre Probleme im Leben mit dieser Einstellung angehen, sind Herausforderungen nicht länger etwas, das Sie fürchten müssen.

Gerne möchten wir Ihnen dies an einem Beispiel deutlich machen: Wenn Sie als Frau kurz vor der Scheidung stehen und Ihr Hund plötzlich alle Männer anbellt, weil er Ihnen Ihren Hass gegenüber Männern deutlich machen möchte, dann können Sie entweder versuchen, alles unter den Teppich zu kehren und beispielsweise einen Hundetrainer engagieren, der Ihren Hund ruhigstellt. Oder Sie reflektieren mehr über sich selbst und erkennen, dass Sie einen Hass entwickelt haben, der sich nach Heilung und Vergebung sehnt. Es ist in Ordnung, gerade jetzt enttäuscht zu sein von Männern, doch dabei sollte es nicht bleiben. Die Wut Männern gegenüber sollte transformiert werden, das ist die Botschaft Ihres Hundes. Wenn Sie sich mit Ihrem Hass auseinandersetzen und schauen, welche Verletzungen und Muster dahinterstecken, werden Sie verstehen, wofür die Beziehung zu Ihrem Mann gut war und wofür nun auch die Scheidung gut ist. Sie werden unbewusste Muster aufdecken, die Sie ab sofort ändern können. Sie verstehen sich selbst immer besser und wachsen somit an der Situation. Vielleicht besteht Ihre Aufgabe darin, zu lernen, sich mehr selbst zu lieben, statt von der Liebe eines Mannes abhängig zu sein. Werden Sie sich dessen bewusst und setzen Sie die Erkenntnis in Ihrem Leben um, so werden Sie beginnen, sich selbst mehr wertzuschätzen und selbstständiger zu sein. Und auf dieser Basis können Sie dann auch anders geartete Beziehungen zu Männern entwickeln. Übrigens werden auch ganz andere Männer als bisher Sie attraktiv finden, nämlich jene, die es nicht nötig haben, Frauen als abhängige Wesen zu betrachten, die weniger wert sind. Diese Männer werden Sie in Ihrer Kraft sehen und unterstützen wollen.

Sie nutzen Ihre Lebenssituation, um vielleicht auch anderen Frauen mit ähnlichen Problemen weiterzuhelfen. Sie beginnen, andere Menschen zu inspirieren. Ihr Hund bellt keinen Mann mehr an, sondern fühlt sich in der Gesellschaft Ihres männlichen Begleiters sehr wohl und kann auch die männliche Ausstrahlung einer Person wieder genießen. Er spiegelt Ihnen Ihre Veränderung wider.

Verwandeln Sie also jeden Konflikt in eine Chance für mehr Wachstum und Freiheit. Auch wenn Sie anfangs Widerstand entwickeln, lassen Sie ihn los und fragen Sie sich, was Ihr Problem Ihnen beibringen möchte. Auch wenn Ihnen nicht sofort eine Antwort kommt – bleiben Sie trotzdem bei dieser Frage, bis Sie eine klare Eingebung bekommen oder diese Ihnen von anderen Menschen gegeben wird. Kümmern Sie sich vor allem um Ihre Gefühle und begegnen Sie ihnen offen und liebevoll. Verstehen Sie, dass andere Menschen und Ihr Haustier bei Ihnen nur das auslösen können, was bereits in Ihnen ist. Wenn Ihr Hund Sie also wütend macht, dann triggert er Wut, die in Ihnen ist. Machen Sie daher nicht Ihren Hund für Ihre Wut verantwortlich, sondern werden Sie sich klar, dass die Wut in Ihnen sich nach Aufmerksamkeit, Liebe und Heilung sehnt. Sie dürfen diese Wut ruhig auch zeigen, aber nicht gegen den Hund, sollten sich dabei auch immer bewusst sein, dass nie eine andere Person oder ein Haustier für Ihre Wut verantwortlich sein kann. Andere sind immer nur Auslöser, nie die Verursacher Ihrer Emotionen.

Machen Sie sich daher beim Spiegelverhalten Ihres Hundes bewusst, dass es sich dabei um eine Einladung an Sie handelt, Ihr eigenes Verhalten, Denken und Fühlen zu ändern. Gehen Sie dabei folgendermaßen vor:

- Beobachten Sie immer wieder bewusst und ohne zu werten das unerwünschte Verhalten Ihres Hundes oder seine Erkrankung, mit der Sie konfrontiert werden.
- Fragen Sie sich, ob dieses Verhalten oder die Erkrankung etwas mit Ihnen zu tun haben könnte, und danken Sie Ihrem Hund dafür, dass er Ihnen als Spiegel »dient«.
- Machen Sie sich keine Schuldgefühle, sondern entscheiden Sie sich, an dem Konflikt zu wachsen, aus ihm mehr Liebe, Einsicht, Kraft und Inspiration zu gewinnen.
- Lassen Sie nun Ihre Gefühle ungefiltert zum Vorschein kommen und atmen Sie tief ein. Geben Sie Ihren Gefühlen den heilenden Raum, den sie benötigen, um gesehen und akzeptiert zu werden.
- Versuchen Sie schließlich, das Verhalten oder die Erkrankung Ihres Hundes zu deuten und einen Zusammenhang mit Ihren bewussten oder unbewussten Einstellungen, Gedanken und Verhaltensweisen zu finden. Die psychologische und spirituelle Deutung von Krankheiten oder Verhaltensproblemen kann Ihnen dazu Anregungen geben. Wenn Ihr Hund beispielsweise zu viel bellt, fragen Sie sich, ob Sie im Umgang mit anderen allzu offenherzig sind oder viel-

leicht zu sehr über andere lästern. Ist Ihr Hund oft apathisch, dann fragen Sie sich, ob Sie selbst noch Lust auf das Leben haben oder sich womöglich zu wenig erholen. Vergessen Sie nicht, dass Ihnen Ihr Hund entweder das gleiche Verhalten spiegelt oder das gegenteilige. Sie müssen Sich stets über beide Seiten klar werden.

- Versprechen Sie sich selbst und Ihrem Hund, sich Ihr Verhalten bewusster zu machen und krank machende Muster liebevoll loszulassen. Begegnen Sie einem Konflikt in Ihnen nie mit Widerstand und Ablehnung, sondern mit Liebe und Akzeptanz. Sie sind der Schlüssel für wahre Veränderung, Transformation und Einsicht.

- Versuchen Sie zunächst im kleineren Rahmen anders zu denken, zu fühlen und Ihr Verhalten umzustellen. Beobachten Sie, welche Auswirkungen das auf Ihren Hund hat.

- Gehen Sie weitere Veränderungsschritte, wenn Sie Erfolge sehen. Bleiben Sie dabei aber stets geduldig und sanft zu sich selbst und Ihrem Hund.

Die unterschiedlichen Ebenen von Krankheiten

Laut der Weltgesundheitsorganisation (WHO) ist »Gesundheit ein Zustand des vollständigen körperlichen, geistigen und sozialen Wohlergehens und nicht nur das Fehlen von Krankheit oder Gebrechen«. Um den Zustand des Wohlergehens zu erreichen, muss ein Organismus in Balance sein. Wenn also der Körper oder die Psyche erkrankt, dann liegt die Ursache in der Unfähigkeit auszugleichen. Körper und Geist scheinen mit der ständigen »Arbeit« überfordert zu sein. Mentaler Stress und Gifte aller Art machen es ihnen schwer, wieder in die Balance zu finden. Wir werden krank und müssen uns Unterstützung von außen holen.

Dabei ist jedes Lebewesen ein geborener Heiler. Eigentlich müssten wir nichts für unsere Heilung tun, denn unser Körper kümmert sich schon selbst um seine Gesundheit. Und trotzdem scheint das nicht auszureichen. Die Zahl der Menschen, die an typischen Zivilisationskrankheiten leiden, nimmt in den Industrieländern zu, und auch psychische Erkrankungen wie Depression und Panikattacken sind seit Jahren im Anstieg.

Es ist überraschend, dass die Menschen im Westen immer kränker werden, obwohl sie in einem Land leben, das ihnen das beste Gesundheitssystem und eine hoch entwickelte Schulmedizin bietet. Der Grund liegt womöglich darin, dass die Schulmedizin sich sehr intensiv mit den Vorgängen im Körper befasst, jedoch über wenig Wissen verfügt, was den Geist und die Seele betrifft. Wer aber gesund sein möchte, muss Körper, Geist und Seele als Ganzes sehen. Nur mit dem Körper zu arbeiten ist zu wenig. Denn jedes Lebewesen besteht aus diesen drei Einheiten, die miteinander in Verbindung stehen und gemeinsam wirken.

Mit dem Körper können die meisten Menschen etwas anfangen. Er ist sichtbar und greifbar. Damit haben wir die allermeisten Erfahrungen. Der Geist oder auch die Psyche, die ein Zusammenspiel unserer Gedanken, Gefühle, Einstellungen und mentalen Programme ist, vermittelt einem eine Vorstellung davon, dass es im Menschen mehr gibt als nur Organe und Knochen. Was aber ist die Seele, und wie unterscheidet sie sich vom Geist? Nach unserem Verständnis ist die Seele ein energetischer Organismus, der Körper und Geist mit Energie versorgt. Sie steuert die energetischen Abläufe eines Lebewesens und bildet die Verbindung zu einer universellen Energiequelle, die uns mit

Lebenskraft, aber auch mit bestimmten Informationen versorgt. Auf der seelischen Ebene ist alles erklärbar. Dort existieren keine Zufälle oder Unklarheiten. Die Schulmedizin findet bei Krankheiten, für die man keine direkte Erklärung hat, stets die gleichen Antworten – Zufall oder Erbkrankheit beziehungsweise Gendefekt. In vielen Fällen verweisen die Ärzte auf Stress. Eigentlich alles sehr simpel und zugleich sehr oberflächlich. Sie können mit dieser Information wenig anfangen, noch sind Sie gewillt, etwas zu ändern. Denn wenn Sie beispielsweise glauben, dass Ihre Krankheit vererbt wurde, dann denken Sie gleichzeitig, dass Sie daran nichts ändern können. Sie sehen sich einem schicksalhaften Geschehen ausgeliefert.

Wenn Sie in der materiellen Welt etwas erben, dann können Sie als Erbe entscheiden, ob Sie das Erbe annehmen oder ablehnen wollen. Was halten Sie davon, ähnlich bei Erbkrankheiten vorzugehen, die Sie von Ihren Verwandten übernommen haben? Eine Krankheit können Sie immer aus mehreren Blickwinkeln betrachten. Wenn Sie beispielsweise übergewichtig sind wie Ihre Eltern, dann können Sie sich damit abfinden, dass Sie das gleiche »Dickmacher-Gen« in sich tragen und nichts dagegen tun können. Sie können aber auch verstehen lernen, dass Sie vielleicht nicht nur Gene übernommen haben, sondern auch Einstellungen und Glaubenssysteme Ihrer Eltern, die zu Übergewicht führen. Sie können einem anderen Menschen nicht nur die Grippe übertragen, sondern ganze Denkmuster und Gedankenkonzepte, die den Körper und Geist gesund oder krank machen. Vielleicht haben Sie von Ihren Eltern gelernt, dass es nicht anders geht, als übergewichtig zu sein, und Sie glauben ebenso wie sie, dass Sie Ihren Frust nur mit Essen stillen können. Sie tragen so viel emotionalen Ballast mit sich, dass Sie sich schwer fühlen und daher auch viel wiegen. Sie tun also das, was Sie von Ihren Eltern gelernt haben. Das aber hat nicht unmittelbar etwas mit einem Gendefekt zu tun. Von der seelischen Ebene aus betrachtet, kann es sein, dass Sie dick sind, um zu lernen, sich trotz Ihres Übergewichts zu lieben. Möglich wäre auch, dass Ihnen Ihr Übergewicht beibringen möchte, wieder mehr ins Gleichgewicht zu finden, abzunehmen und vielleicht mit Ihren Erfolgen andere Menschen zu inspirieren, die genau das gleiche Problem haben. Oder Sie werden erkennen, dass Sie sich besser abgrenzen müssen von Leid, Trauer, Wut oder sogar anderen Menschen. Für die Seele hat alles einen tieferen Sinn und höheren Grund. Dort existieren keine Zufälle. Die Seele ist ein mit energetischen Informationen gefüllter Organismus, der mit bestimmten Wünschen und Aufgaben in Ihrem Körper wohnt und Sie braucht, um seine Mission zu erfüllen. Auf der seelisch-energetischen Ebene können Sie daher stets die Botschaften einer Erkrankung verstehen und den tieferen Sinn dahinter erkennen. Dann können Sie endlich den Kampf gegen Ihre Krankheit aufgeben und Ihren Fokus darauf richten, sie zu Ihrem besten Freund zu machen und von ihr zu lernen. Und wenn Sie alles gelernt haben, kann die Krankheit auch wieder gehen.

Wenn Sie sich schwer damit tun, den wahren Grund Ihrer Erkrankung zu verstehen, kann es sein, dass ausgerechnet Ihr Hund Ihnen dabei behilflich sein wird.

Krankheit aus wissenschaftlich-schulmedizinischer Sicht

Aus schulmedizinischer Sicht hat eine Krankheit ihren Ursprung in der Zelle. Eine gesunde Zelle macht ihren Job und kooperiert mit anderen Zellen. Eine kranke Zelle hat sich verselbstständigt und folgt ihren eigenen Regeln. Sie vermehrt sich dann entweder zu schnell oder zu langsam beziehungsweise zu viel oder zu wenig oder wandelt sich gar in eine andere Zelle um. Unser Immunsystem reagiert daraufhin mit Alarm, weist diese kranke Zelle zurecht, und das Gleichgewicht ist wiederhergestellt. Haben sich aber zu viele kranke Zellen verselbstständigt und kooperieren sie nicht mehr mit anderen, dann gerät der Körper aus dem Gleichgewicht und wird krank. Die Aufgabe der Schulmedizin ist es nun, diese kranken Zellen zu zerstören, sodass das Symptom verschwindet. Dadurch kann sich der Körper erholen und wieder ins Gleichgewicht kommen.

Die Gefahr dabei ist, dass die Ursache für das Ungleichgewicht nicht beseitigt wurde. Es gab einen Grund, aus dem die erste Zelle sich krankhaft verändert hat. Und wenn dieser Grund nicht aufgelöst wird, dann wird es sehr wahrscheinlich so kommen, dass sich wieder einzelne Zellen entscheiden werden, ihren eigenen Weg zu gehen, und der Körper daher die gleiche oder einer andere Krankheit entwickelt.

Damit Sie klarer verstehen, was wir damit meinen, finden Sie hier einige Beispiele für Zellen, die nicht mehr mit anderen kooperieren, und die Symptome, die dadurch ausgelöst werden:

- Die Zelle vermehrt sich zu schnell oder häufig: Tumor, Herzvergrößerung.
- Die Zelle vermehrt sich zu wenig oder zu langsam: Osteoporose, Blutarmut, Wunderkrankungen.
- Die Zelle vermehrt sich falsch: Krebs, Allergien.

Die Schulmedizin weiß, dass bei jeder Krankheit irgendetwas zu viel, zu wenig oder in falscher Form vorhanden ist. Verlassen wir die Zellebene und betrachten die Krankheit weiter, dann sehen wir beispielsweise bei Zuckerkrankheit, dass zu viel Zucker im Blut ist, weil zu wenig Zellen vorhanden sind, die ihn abbauen können. Bei einer Entzündung sind zu viele gefährliche Bakterien am Werk, weil zu wenige Immunzellen existieren, die sie bekämpfen können. Bei Juckreiz befindet sich zu wenig Fett oder Feuchtigkeit in der Haut. Arthrose ist auf zu wenig Flüssigkeit in den Gelenken zurückzuführen, was eine starke Abnutzung des Knorpels verursacht.

Grundsätzlich versucht die Schulmedizin, auch Ursachen für Krankheiten zu erforschen. Die geläufigsten Erklärungen lauten:

- Erbmaterial – die Krankheit ist genetisch oder bei Tieren rassebedingt.
- Abnutzung – die Krankheit ist alters- oder lebensstilbedingt.
- Umwelteinflüsse wie Bakterien, Pilze, Viren, Giftstoffe und Strahlung – die Krankheit ist durch äußere Einflüsse bedingt.
- Zufallsprinzip/Stress – die Krankheit kam durch einen Zufall oder Stress, es sind keine anderen Erklärungen bekannt.

Leider findet die Schulmedizin derzeit noch keine Antworten auf Fragen, die die tiefere Ursache einer Erkrankung ergründen wollen: Warum hat ausgerechnet dieses Gen einen fehlerhaften Abschnitt und ein anderes nicht? Warum nutzt sich ausgerechnet dieses Gelenk ab, ein anderes aber nicht? Warum kann sich der Körper gegen die einen Pilze oder Bakterien nicht wehren, gegen andere aber schon? Warum hat mich ausgerechnet diese Krankheit befallen, und was kann ich tun, wenn ich mich mit Zufällen nicht abfinden möchte?

Die Schulmedizin scheint einige Fragen nicht beantworten zu können, und trotzdem dürfen wir dankbar dafür sein, dass es sie gibt. Sie ist fähig, kranke Zellen gezielt zu entfernen oder etwas zu kompensieren, was zu viel oder zu wenig im Körper vorhanden ist. Wird ein Botenstoff zu wenig produziert, kann dieser mit einer Hormonspritze zugeführt werden, wie es etwa bei Störungen der Schilddrüse geschieht. Auch der Körper hat eine ähnliche Herangehensweise an Krankheiten. Das Immunsystem markiert etwa kranke Zellen und entfernt diese dann. Doch im Unterschied zum Körper zerstört die Schulmedizin nicht immer ganz gezielt nur die kranke Zelle, sondern greift auch gesunde an, wie beispielsweise bei der Chemotherapie. Ein Körper betrachtet sich selbst als System und sieht die Zusammenhänge, die er mitberücksichtigt, wenn er versucht, das Gleichgewicht wiederherzustellen. Die Schulmedizin dagegen sieht selten ein Gesamtbild. Stattdessen werden beispielsweise Organe entfernt, die vermeintlich keine wichtige Funktion im Körper haben.

Auch hat die Schulmedizin immer noch keine Antworten auf Fragen wie: Warum gibt es Spontanheilungen? Warum können sich einige Menschen von unheilbaren Krankheiten heilen? Warum funktionieren der Placebo- und Nocebo-Effekt? Wie konnten Menschen sich heilen, bevor es die Schulmedizin gab? Warum existieren chronische Krankheiten über Jahrzehnte, obwohl sich der Körper alle fünf bis zehn Jahre komplett erneuert?

Besonders die letzte Frage ist interessant. Ein schwedisch-amerikanisches Forschungsteam vom Stockholmer Karolinska-Institut hat herausgefunden, dass »das Skelett etwa alle zehn Jahre komplett ersetzt wird. Die Rippenmuskulatur bringt es auf ein maximales Alter von 15 Jahren, knapp geschlagen vom Dünndarm, der sich alle 16 Jahre erneuert. Die Leber unterzieht sich alle zwei Jahre einer Verjüngungskur. Und die Haut wird nicht einmal zwei Wochen alt.« Warum also plagen viele Menschen sich ihr Leben lang mit chronischen Krankheiten herum?

Krankheit aus geistig-psychischer Sicht

Die Betrachtung von Krankheiten aus geistig-psychischer Sicht kennen Sie unter dem Begriff »Psychosomatik«. »Psycho« steht für den Geist und »Soma« für den Körper. Die Psychosomatik beschäftigt sich mit dem Zusammenwirken von Körper und Geist. Mittlerweile hat sich auch die Schulmedizin der Psychosomatik angenommen, was noch vor einigen Jahrzehnten undenkbar gewesen wäre. Doch die Grenzen der Schulmedizin zwingen sie, über den Tellerrand hinauszusehen.

Viele Krankheitssymptome gehen auf das Konto von Stress. Stress im negativen Sinne bedeutet, dass der Geist überfordert ist und daher der Körper kompensieren muss.

Die Psychosomatik ist sich dessen bewusst, das Körper, Geist und Seele eine Einheit bilden. Sie weiß, dass das, worüber wir nachdenken und wie wir uns fühlen, einen direkten Einfluss auf unser körperliches Befinden hat. Laut Studien beeinflusst unser Denken die Psyche und die Zellen sowie Organe des Körpers. Im Klartext: Gefühle machen krank oder gesund. Gedanken machen krank oder gesund.

Wenn Sie hin und wieder etwas Schlechtes denken, dann wird das auf Ihren Körper keinen Einfluss haben. Viel mehr schaden Ihnen negative Gedanken, die chronisch und unbewusst sind. Sie merken dann nicht, dass Sie eigentlich ständig unter Stress und Spannung stehen, auch wenn Ihnen die unmittelbare Umgebung keinen Grund dazu gibt. Womöglich befinden Sie sich an einem wunderschönen Strand im Urlaub, und trotzdem fällt es Ihnen schwer, abzuschalten. Bei 60.000 Gedanken am Tag, die der Mensch durchschnittlich denkt, kann sehr viel »Müll« dabei sein. Studien zeigen, dass nur rund fünf Prozent dieser Gedanken aufbauend sind, die restlichen also abbauend, und damit schaden sie auch unserem Körper. Der »Gedanken-Müll« lagert sich im Körper ab, wenn es dem Geist zu viel wird. Das Gleiche geschieht mit negativen Gefühlen, die keinen Raum für Heilung und Transformation finden. Bei Stress wird Adrenalin ausgeschüttet. Fehlen die Räume zur Entspannung und Erholung, befindet sich der Körper irgendwann dauerhaft im Kampf-Flucht-Modus. Dauerstress schwächt den Darm, in dem sich die meisten Immunzellen befinden. Sie sind dann anfälliger für Krankheiten und kämpfen mit Verdauungsproblemen, Gewichtszunahme, Gastritis, Ausschlägen oder Entzündungen.

Ziel der Psychosomatik ist es, einem Menschen verständlich zu machen, welche Gedankenmuster und Gefühle seine Krankheit verursa-

chen und wie er diese mit neuem Denken, Fühlen und Handeln auflösen kann. Letzteres ist Sache eines Psychotherapeuten oder Coaches.
Ein Psychosomatiker wird Ihnen klarmachen, dass Ihr chronisch ver-
spannter Nacken mit Ihrer Sturheit und Unflexibilität zu tun hat, doch
wird er es schwer haben, Ihnen konkret zu zeigen, wie Sie diesen Um-
stand ändern können, es sei denn, er ist verhaltenstherapeutisch geschult.

Lassen Sie uns nun einen genaueren Blick auf bestimmte Körperteile und Organe werfen und sehen, wofür sie aus psychosomatischer
Sicht stehen und welchen Einfluss es auf den Körper hat, wenn dort
eine Blockade vorliegt.

Organ/ Körperteil:	steht für:	bei Blockade:
Nacken	Wille, Hartnäckigkeit, Kraft	Dickköpfigkeit, Sturheit, Un-fähigkeit, andere Sichtweisen einzunehmen
Schultern	Verantwortung überneh-men, Belastbarkeit, die Haltung im Leben	Sorgen und Belastungen, das Gefühl fehlender Klarheit oder Kontrolle
Rücken	Ehrlichkeit, Haltung, Kraft, Stolz	Oberer Rücken: Gefühl, nicht geliebt zu werden Mittlerer Rücken: Schuld, Bedauern, Rachegefühle Unterer Rücken: (Geld-)Sorgen, Druck
Hüfte	Fortschritt, Lebens-schwung, Reichweite	Unentschlossenheit, Angst davor, falsche Entscheidungen zu treffen
Knie	Demut	Arroganz, Stolz, Egozentrismus, Unnachgiebigkeit, Sturheit, Dickköpfigkeit
Knöchel	Sicherheit, Halt	Schuld, Druck, Sorgen, das Gefühl, nicht voranzukommen

Organ/ Körperteil:	steht für:	bei Blockade:
Herz	Liebe, Mitgefühl, Selbstwertgefühl, Freude, Leben	Wut, Hass, geringes Selbstwertgefühl, Liebeskummer
Leber	Speicher von (Lebens-)Energie und Erfahrungen, Erlebnissen und Eindrücken	Ärger, Wut, Kritik, Zorn, Angst vor Konfrontationen, Eifersucht
Milz	Verarbeitung von Nahrung und Emotionen, Gedächtnis, Konzentrationsfähigkeit, im Fluss sein	Trauer, Einsamkeit, Sorgen, Nachdenklichkeit, Verwirrung, Unentschlossenheit
Magen	Empfangen und Verarbeiten von Eindrücken	Abscheu, Ekel, Enttäuschung, Unsicherheit
Niere	Wachstum und Entwicklung, Antriebskraft, Mut, Weisheit, Willenskraft, geistige Stärke, Fähigkeit, Entscheidungen zu treffen	Angst, Panik, Schuld, Reue, Bedauern
Blase	Loslassen	Furcht, Ungeduld, Hektik, Stress
Lunge	Lebenswille, Offenheit, Freiheit, Kontakt, sich Raum nehmen	Trauer, Zukunftssorgen, Einsamkeit, sich klein machen

Sie können nun bei jeder Erkrankung feststellen, welche psychosomatischen Gründe sie haben könnte. Schauen Sie einfach unter dem betreffenden Körperteil oder Organ nach. Im Anschluss sollten Sie sich anschauen, ob alltägliches Denken und Fühlen damit zu tun haben könnte. Wenn Sie Ihre Gedanken- und Gefühlsmuster in eine andere Richtung wenden, müsste das Symptom sich bessern.

Doch auch die Psychosomatik hat ihre Grenzen. Sie geht tiefer als die reine Schulmedizin, dringt dabei aber nicht immer zum tiefsten Grund einer Erkrankung vor. Auch die Psychosomatik befasst sich noch zu wenig mit dem Warum. Beispielsweise: Warum denkt ein Mensch immer wieder in bestimmten Mustern, obwohl sie ihm schaden? Und woher kommen Gedanken und Gefühle überhaupt?

Gemäß der Psychosomatik erfordert jeder Heilungsprozess Zeit, auch wenn Sie Ihr Fühlen und Denken umgestellt haben. Doch warum gibt es dann Spontanheilungen? Und warum funktionieren energetische Heilmethoden wie Reiki, Geistheilung, Holopathie, Akupunktur, Bachblüten, Radionik und viele mehr, die sich nicht unmittelbar mit dem Denken des Menschen beschäftigen, das für die Psychosomatik der einzige Grund für Erkrankungen ist? Die Psychosomatik versteht auch nicht, was die Seele ist und wie Intuition und Spiritualität funktionieren. Sie beschränkt sich eben nur auf den Geist, die Psyche, und kann daher auch nicht tiefer blicken.

Krankheit aus spirituell-seelisch-energetischer Sicht

Energie bedeutet Lebenskraft. Energie ist die Kraft, die alle Zellen, Organe, Muskeln, Gelenke, aber auch Gedanken und Emotionen am Leben erhält. Während das Hirn das Steuerungssystem des Körper ist, kümmert sich die Seele um die energetische Versorgung des gesamten Organismus. Aus spirituell-energetischer Sicht gibt es keine Trennung von Körper, Geist und Seele. Denn alles ist mit allem verbunden. Sie können beispielsweise mit mentalen Übungen Ihren Blutdruck senken, genauso aber mit einer bestimmen Pflanze ein bestimmtes Thema, das Sie stresst, gedanklich entspannter sehen. Körper, Geist und Seele sind deswegen eins, weil sie miteinander verbunden sind. Mit einer Ausnahme: Der Körper kann nicht ohne Seele leben, die Seele aber sehr wohl ohne Körper.

Die Seele ist das Steuerorgan unseres gesamten Seins. Sie erhält uns mit ihrer Lebenskraft und versorgt den gesamten Organismus mit Energie. Im Körper fließt Blut durch Blutbahnen, aber auch Energie durch Meridiane. Sie sorgen dafür, dass diese Energie gleichmäßig zirkuliert. Kann die Energie nicht gleichmäßig fließen, spricht man von einer Energieblockade. Da auf der energetischen Ebene Körper, Geist und Seele miteinander verbunden sind, können Traumata und negative Gedankenmuster die Lebensenergie ebenso ins Stocken bringen wie Verletzungen, Unfälle und Umweltgifte.

Eine energetische Blockade verursacht eine Dysbalance. Körper, Geist und Seele geraten aus dem Gleichgewicht und bilden keine Einheit mehr – daher auch die Redensart »nicht mit sich im Einklang sein«. Mit energetischer und spiritueller Heilarbeit kann der Gleichklang von Körper, Geist und Seele wiederhergestellt werden.

Ihr Körper sagt Ihnen, dass etwas nicht stimmt (Symptom), Ihr Geist erklärt ihnen mithilfe der Psychosomatik, weshalb Sie diese Erkrankung haben (Ursache), und die Seele macht Ihnen klar, welchen Sinn das Ganze hat (höherer Sinn). Gerade wenn Sie auf körperlicher und psychosomatischer Ebene keine Besserung feststellen können, kann es sein, dass die Antwort in der Seele liegt. Sie müssen dann Kontakt zur Seele aufnehmen und verstehen lernen, welchen Sinn Ihre Erkrankung hat, welche bedeutsame Botschaft sie für Sie bereithält und wie Ihnen die Krankheit helfen kann, alte Teile Ihres Selbst gehen und neue kommen zu lassen.

Schauen wir uns das einmal anhand eines konkreten Beispiels an: Wenn Sie immer wieder an Angina oder Halsschmerzen leiden, können Sie

- auf wissenschaftlich-schulmedizinischer Ebene Arzneien einnehmen, die das Symptom unterdrücken oder verschwinden lassen;

- auf psychosomatischer Ebene verstehen, dass Sie womöglich nicht immer die Wahrheit aussprechen und sich schwertun, Ihre Stimme zu erheben – schließlich steht der Halsbereich für Kommunikation und Ausdruck;
- aus spirituell-seelischer Sicht den Sinn des Ganzen erforschen – nämlich dass Sie lernen sollten, mehr zu sich selbst zu stehen und die Angst vor Konfrontation und Zurückweisung zu meistern, mit der Ihre Seele noch zu kämpfen hat. Sie entdecken so neue Aspekte Ihres Selbst und wachsen über sich selbst hinaus. Darin liegt der tiefere Sinn einer Angina.

Nur: Warum will die Seele so etwas, und warum provoziert sie dazu sogar eine Angina?

Das kann viele Gründe haben – etwa den, dass Sie ohne Angina nicht über sich hinauswachsen würden. Für die Seele ist Krankheit eine Erfahrung, die Ihren Horizont erweitern soll. Die Krankheit soll und darf Sie zwingen, alte Muster loszulassen und neue Ufer zu betreten. Ohne die Krankheit hätten Sie das womöglich nie gemacht. Sie wären derjenige oder diejenige geblieben, die Sie immer schon waren. Doch Stillstand ist für viele Seelen nicht erstrebenswert. Seelen betreten den Körper aus einem einzigen Grund: Sie wollen sich erweitern an Erfahrung, Einsicht und Erkenntnis und so zu weiseren und freieren Wesen heranwachsen. Die Seele steht über Ihrer Persönlichkeit. Während Ihre Persönlichkeit durch Ihr Geschlecht, Ihre Herkunft, Nationalität und die Gesellschaft, in der Sie leben, im Positiven oder Negativen geprägt ist, verfolgt Ihre Seele Ziele, die über Ihre Prägung hinausgehen. Stellen Sie sich vor, Ihre Persönlichkeit wäre ein Baum. Die Seele wäre dann das gesamte Ökosystem mit all seiner Vielfalt und seinen Möglichkeiten. Die Seele möchte diese Vielfalt von Möglichkeiten erproben, indem sie Prägungen in Ihrer Persönlichkeit transformiert und Sie zu einem Wesen heranwachsen lässt, das frei von Prägungen ist. Das ist Freiheit. Sie sind frei, selbst zu entscheiden, wer oder was Sie sein wollen. Sie können frei entscheiden, wie oder wo Sie leben wollen. Ihnen stehen alle Möglichkeiten offen. Nur Sie selbst setzen sich Grenzen, weil Sie das so wünschen, aber nicht, weil andere es von Ihnen erwarten.

Das bedeutet, dass Ihre Seele ebenso Ziele und Wünsche hat wie Ihre Persönlichkeit. Ihre Persönlichkeit möchte womöglich dieses oder jenes erreichen, Ihre Seele aber noch viel mehr. Doch woher kommt die Seele, und wohin geht sie? Diese Frage dürfen Sie sich selbst beantworten. Viel wichtiger als die Antwort selbst ist, dass Sie sich die Frage stellen und eigene Eingebungen dazu bekommen.

Haustiere - unsere Seelenbegleiter

Haustiere kennen uns sehr gut. Sie wissen, was wir brauchen, um frei und glücklich zu sein. Sie scheinen nicht nur die Wünsche und Ziele unserer Persönlichkeit zu kennen – diese sind uns womöglich auch bewusst –, sondern auch die Bedürfnisse unserer Seele. Unsere Persönlichkeit möchte beispielsweise eine bestimmte Berufsausbildung machen, weil unsere Eltern das so wollen, doch unsere Seele will etwas ganz anderes, was eher den tieferen Wünschen unseres wahren Seins entspricht. Hunde und Haustiere im Allgemeinen wissen genau, was diese tiefen Sehnsüchte sind, die in uns schlummern. Durch ihr Wesen und Verhalten möchten sie uns dabei helfen, diese an die Oberfläche zu bringen. Tieren liegt unsere Heilung besonders am Herzen. Viele Haustiere sehen es als ihre Aufgabe an, den Menschen dabei zu unterstützen, mehr Heilung im Leben zu erfahren. Warum das so ist und weshalb sich Tiere dazu entschlossen haben, wissen wir noch nicht. Es scheint, als hätte eine höhere Macht ein Interesse daran, dass sich dieser Planet zum Besseren wandelt. Und diese höhere Macht wirkt durch Tiere, weil sowohl die Tiere als auch wir Menschen dafür empfänglich sind. Das direkte Wirken durch Menschen funktioniert nur bedingt. Wir Menschen sind zu sehr geprägt von unserem Umfeld und können daher den Plan der Schöpfung nur in Ausnahmefällen nachvollziehen. Wir verstehen daher auch nicht, welchen Beitrag wir zur Ganzheit leisten können. Oft genug irren wir dann umher und suchen nach Orientierung oder weigern uns, die Ganzheit zu verstehen. Zellen, die sich selbstständig machen, sind kranke Zellen, und Menschen, die sich von der Ganzheit entfernt haben, haben sich damit auch von Harmonie entfernt. Tiere können uns wieder zu unserer Ganzheit und Harmonie führen.

Wege der Heilung

Das Wort »heil« bedeutet »ganz werden«, also die Verbindung von Körper, Geist und Seele. Heilung ist nicht unbedingt das Gegenteil von Gesundheit oder Krankheit. Heilung kann natürlich zu Gesundheit führen und Krankheiten beseitigen, doch tiefer betrachtet kann Heilung auch etwas anderes sein.

Heilung auf körperlicher Ebene bringt den Organismus wieder in Balance. Heilung auf geistiger Ebene kann bedeuten, dass Sie lernen, etwas zu akzeptieren und damit Frieden zu schließen. Heilung kann aber auch bedeuten, dass der Tod eintreten darf. Viele Lebewesen leiden zutiefst unter ihrer Krankheit, und der Tod kann sie endlich davon erlösen. Die Erlösung kann als Heilung verstanden werden. Heilung ist daher nicht immer mit Leben verbunden, sondern auch mit Sterben. Heilung ist in unserem Verständnis dasjenige, das aus spiritueller Sicht am meisten Sinn für die Seele eines Lebewesens ergibt. Dieser Vorgang ist zwar nicht immer logisch zu verstehen, schon gar nicht für das Umfeld des betreffenden Menschen oder Tiers, sehr wohl aber für das Individuum selbst. Die Seele weiß, was am besten ist, sei es zu bleiben oder zu gehen. Und Heilung unterstützt denjenigen Weg, der das Beste für das Lebewesen ist.

Manchmal kann Heilung auch bedeuten, dass sich zwei Lebewesen voneinander trennen. Viele Menschen glauben, der Sinn einer Paartherapie bestünde darin, dass das Paar sich versöhnt und wieder harmonisch zusammenlebt. Nur das wäre Heilung von Paarproblemen. Das mag gut möglich sein, ebenso könnte es aber das Beste sein, dass sich zwei Menschen trennen, weil sie verstanden haben, warum sie zusammengekommen sind, welchen höheren Sinn das Ganze hatte und dass dieser Grund nun wegfällt. Was zu lernen war, wurde erlebt, erfahren und integriert. Die Beziehung bietet keine Möglichkeit zum Wachstum mehr. Darum ist es an der Zeit, sich zu trennen und neue Wege zu gehen. Diese Einsicht kann zu Heilung führen, und beide können sich in Liebe und Frieden voneinander trennen. Das gilt natürlich auch für Beziehungen zwischen Mensch und Tier.

Gerade Hundebesitzer neigen dazu, ihren Hund niemals weggeben zu wollen, wenn etwas nicht klappt. Sie kämpfen verbissen um eine Besserung der Situation, oft vergeblich. Womöglich müssen sie einsehen, dass der Hund seine Lebensaufgabe erfüllt hat und daher gehen möchte. Vielleicht haben sich beide in ihrer Persönlichkeit auseinanderentwickelt, sodass es Sinn macht, getrennte Wege zu gehen. Vor allem dann, wenn der Hund bei jemand anderem viel besser aufgehoben wäre.

Trennung und Tod können daher genauso heilsam sein wie Gesundheit und Balance. Woher aber wissen wir, welcher Weg der richtige, der heilsame ist? Wir merken es daran, dass das Leid überwunden wird. Mensch und Tier leiden nicht mehr, beide fühlen sich frei und erlöst. Natürlich kann der Tod oder eine Trennung Gefühle der Trauer oder Angst hervorrufen. Doch wenn die Betroffenen durch diese Emotionen hindurchgegangen sind und zurückblicken, dann erkennen sie womöglich, dass sie sich plötzlich unbeschwerter und gelöster fühlen. Und dann wissen sie, dass das Richtige geschehen ist, auch wenn der Verstand dies nur schwer erfassen kann. Sie sind in Frieden mit sich selbst und ihrem Tier. Sie fühlen sich frei und um eine Erfahrung reicher. Sie fühlen sich ganz. Sie sind geheilt.

Heilung erhöht Ihre Schwingung

Redewendungen wie »auf der gleichen Wellenlänge sein«, »im Einklang sein« oder »good vibrations« im Englischen deuten darauf hin, dass es so etwas wie eine energetische Schwingung gibt. Wenn Sie mit jemandem auf der gleichen Wellenlänge schwingen, dann fühlen Sie sich in dessen Anwesenheit sehr wohl. Aus universeller Sicht steht alles in schwingender Verbindung zueinander, und alles ist vibrierende Energie. Die Wissenschaft bestätigt diese Erkenntnis durch die Analyse der Atome, Moleküle und Photonen, also der subatomaren Teilchen. Photonen sind immer in Bewegung und schwingen in einer bestimmten Frequenz. Je höher die Schwingung eines Gegenstands, desto impulsiver und vitaler wird er wahrgenommen und desto mehr Wirkung hat er auf sein Umfeld. Eine hoch schwingende Nahrung nährt Sie mit Kraft und Energie. Eine tief schwingende Mahlzeit, auch Schwerkost genannt, macht Sie dagegen müde und laugt Sie aus. Was auf der körperlichen Ebene zutrifft, gilt genauso auf der geistigen und seelischen Ebene. Auch dort schwingt alles.

Stellen Sie sich vor, Sie sind erfüllt von Gedanken der Liebe, Geborgenheit, Lust und Leidenschaft. Wie fühlen Sie sich? Sie sind mutmaßlich vitaler, inspirierter, kreativer, mutiger als sonst. Ihr Geist vibriert höher und der Körper natürlich auch, weil alles miteinander verbunden ist. Je tiefer etwas vibriert, desto anfälliger sind Sie für Krankheiten. Setzen Sie sich in den überfüllten Warteraum eines Krankenhauses, und Sie werden verstehen, was wir damit meinen. Schauen Sie sich die Menschen an und blicken Sie in ihre Gesichter. Wenn Sie sich allzu lange dort aufhalten und womöglich die Energie aller anderen aufsaugen, kann es sein, dass Sie das Krankenhaus nicht unbedingt gesünder, sondern bedrückt, traurig und geschwächt verlassen.

Die Heilung einer Krankheit kann daher erst dann geschehen, wenn Sie Ihre Schwingung, Ihre Vibration beziehungsweise Ihre Energie erhöhen. Das können Sie natürlich genauso auf der körperlichen Ebene bewirken wie auf der geistigen oder spirituellen. Sie müssen sich lediglich fragen, was Sie in Liebe, Leidenschaftlichkeit, Kraft und Freude versetzt. Damit erhöhen Sie gleichzeitig Ihre Schwingung. Ein Heiler kann zusätzlich helfen, die Vibration oder Energie Ihres Körpers oder eines Körperteils zu steigern. So bekommt Ihr Körper den notwendigen Impuls, seine Heilung selbst in die Hand zu nehmen und seine Selbstheilungskräfte zu aktivieren.

Wenn Sie also krank sind, dürfen Sie zunächst verstehen lernen, auf welchen Ebenen Ihre Krankheit verursacht wird. Möglicherweise sind alle Ebenen betroffen. Sie dürfen dann Ihren Lebensstil, Ihre Ernährung, Ihr Umfeld, Ihre Einstellungen, Gedanken, Verhaltensmuster genauer unter die Lupe nehmen. Auf der seelischen Ebene werden Sie sich fragen, ob Sie den Weg, für den Sie auf die Welt gekommen sind, auch wirklich gehen. Sie dürfen erkennen, wer Sie wirklich sind, jenseits der Prägungen, die Sie über die Jahrzehnte mitbekommen haben. Wer sind Sie wirklich, wenn Sie selbst entscheiden würden, wer

Sie sein wollen? Das mag mit Ihrem gegenwärtigen Lebensweg über-
einstimmen, es kann aber durchaus auch sein, dass dies nicht der Fall
ist. Das ultimative Ziel jeder Seele ist es, frei zu sein. Frei in ihrem persönlichen Ausdruck, ihrer Entfaltung und Entwicklung.

Hunde helfen uns, ganz zu werden

Da Tiere den Menschen mit seinen hellen und dunklen Seiten konfrontieren, helfen sie uns, ganz zu werden. Wir können uns nur dann
ganz fühlen, also in Einklang mit allem, wenn wir wissen, wer wir sind
und was wir wollen und all das auch zum Ausdruck bringen. Tiere
können uns dabei auf verschiedene Weise helfen.

Hunde schaffen es zu lieben, zu ruhen, zu entspannen und zu spielen. Automatisch bringen sie den Menschen auch zu mehr Liebe, Ruhe, Entspannung und Spielfreude. Aber nicht nur das. Sie scheinen
auch genau zu wissen, was uns guttut und wovon wir lieber die Finger
lassen sollten. Durch ihr Verhalten machen sie uns auf unsere Licht-
und unsere Schattenseite aufmerksam. Sie spiegeln unsere bewussten
Verhaltensweisen, aber auch unsere unbewussten, die uns selbst noch
nicht bekannt sind. Hunde kommen deswegen in die Aktion, damit
auch wir dies tun. Warum passiert das, ob wir es wollen oder nicht?
Hier kommt der Seelenvertrag zwischen uns und unserem Hund zur
Anwendung. Dieser regelt den Weg des Wachstums, den wir beide
gehen wollen. Und da das Ziel der Seele Ausdruck, Entfaltung und
Entwicklung ist, können wir grundsätzlich nichts dagegen machen.
Legen wir uns quer und verlangsamen den Prozess, bringen wir mehr
und mehr Leid und Konflikte in unser Leben. Doch der Seelenvertrag
wird früher oder später in die Umsetzung kommen.

Wachstum hat nicht unbedingt mit Schmerz und Anstrengung zu tun. Manchmal ist dies so, etwa in der Pubertät, wo Wachstumsschübe dazu führen können, dass die Knochen schmerzen. Oder während einer Geburt, bei der eine Frau den Wehenschmerz durchleiden muss. In diesen Fällen wissen wir, dass das Leid einen Sinn hat. Oft aber leidet der Mensch sinnlos, weil es ihm an Einsicht fehlt. Meist handelt es sich dabei um Einsicht über sich selbst. Wer zu wenig in sich selbst hineinhört und seine Aufmerksamkeit zu häufig nach außen richtet, dem fehlen die richtigen Impulse, um das Leben in seiner Vollkommenheit und Pracht zu erfahren.

Ihr Hund will Ihnen zu mehr Einsicht über sich selbst verhelfen. Sein Wunsch ist es, dass Sie wieder ganz werden und Ihr Leben umfassender betrachten. Darum spiegelt er Ihnen das, was Sie wissen, erkennen und ändern sollen.

Je schneller Sie verstehen, wie und warum Ihr Hund Ihre bewussten und unbewussten Seiten spiegelt, desto genauer können Sie die richtigen Schlüsse ziehen und entsprechende Maßnahmen ergreifen. Und so ersparen Sie sich jede Menge unnötigen Schmerz und Leid.

Erkennen Sie sich selbst in Ihrem Hund

Wenn Sie mehr über sich selbst in Erfahrung bringen wollen, müssen Sie nur auf Ihren Hund blicken. Sie können sich in Ihren Hund hineinfühlen und über Gedankenbilder sowie Emotionen feststellen, was gerade in ihm los ist. Und das, was Sie in Ihrem Hund sehen, kann auch etwas mit Ihnen zu tun haben – vor allem dann, wenn es Sie emotional besonders berührt. Dann können Sie davon ausgehen, dass Ihr Hund etwas in Ihnen berührt, das mehr Aufmerksamkeit von Ihnen braucht. Je mehr Beachtung Sie diesem Aspekt schenken, desto bewusster wird er Ihnen. Wenn Sie Ganzheit und Selbsterkenntnis erlangen wollen, brauchen Sie Ihr Bewusstsein.

Manche Hundebesitzer nehmen sich aber nicht genügend Zeit, um einen intensiven und tieferen Austausch mit ihrem Vierbeiner zu pflegen. Sie geben ihm Futter, streicheln ihn hin und wieder und drehen mehrmals am Tag eine Runde mit ihm. Für einige Hunde mag das durchaus ausreichen. Andere hingegen sind in ihrem Bewusstseins- und Entwicklungsgrad so weit fortgeschritten, dass sie sich nach mehr geistiger und spiritueller Stimulanz sehnen. Ihnen reichen einige Streicheleinheiten und ein voller Bauch nicht. Das sind Hunde, die einen starken Zugang zu ihrem sechsten Sinn haben und auch das Leben aus einer höheren Perspektive sehen. Sie sind mit der Intelligenz der Seele verbunden und damit mit einer höheren Kraft, die nach Transformation, Innovation und Heilung strebt. Wenn Sie an solch einen Hund geraten sind, können Sie von Glück sagen. Allerdings macht ein solcher Hund es Ihnen nicht immer leicht. Wenn Sie nachlässig sind, mehr oder minder unbewusst durch den Tag rennen und sich zu wenig um Ihren geistigen und spirituellen Fortschritt kümmern, wird er Sie darauf aufmerksam machen. Entweder auf die leichte oder, wenn Sie seine Zeichen ignorieren, auf die härtere Tour.

Mit dem Hund reden

Das Einfachste wäre, dass Sie sich regelmäßig mit Ihrem Hund austauschen, wie mit einem Menschen. Das bedeutet aber nicht nur Kuscheln und Spazierengehen. Stellen Sie sich vor, unter Ihren Freunden wäre ein sehr weiser Mensch. Mit ihm würden Sie wahrscheinlich auch nicht nur wandern gehen und über Ihr letztes Abendessen reden. Sie würden sich mit diesem Menschen über Gott und die Welt austauschen wollen. Das Gleiche können Sie mit Ihrem Hund tun. Fragen

Sie ihn ruhig, was er über Gott und die Welt denkt, und staunen Sie über seine Antworten. Vergessen Sie dabei nicht, dass jedes Lebewesen aus verschiedenen Anteilen besteht. Natürlich bleibt Ihr Hund immer ein Haustier, das Futter, Beschäftigung und Pflege braucht. Gleichzeitig aber verfügt Ihr Hund über eine Seele und ist mit einer höheren Intelligenz verbunden, die Ihnen weitaus mehr über das Leben erzählen kann als so mancher Nachbar. Wir empfehlen Ihnen daher, die Kommunikation mit Ihrem Hund nicht nur auf Körpersprache oder Stimme zu begrenzen. Lernen Sie mithilfe von Tierkommunikation die Gefühls- und Gedankenwelt Ihres Hundes kennen. Tauchen Sie in die Seele Ihres Hundes ein und sehen Sie Ihren Vierbeiner mit ganz anderen Augen.

Spiegelverhalten

Wenn Sie mit Ihrem Hund nur sehr eingeschränkt kommunizieren, er also das Gefühl hat, dass er Ihnen nicht alles sagen kann, weil Sie es nicht hören oder verstehen wollen, dann muss er sich auf eine andere Art und Weise bemerkbar machen. Ihr Hund wird sich folglich entscheiden, Sie durch sein Verhalten auf die richtige Spur zu bringen. Dieses Verhalten haben Sie in den vorangegangenen Kapiteln unter dem Begriff des Spiegelns kennengelernt.

Ihr Hund kann Ihnen durch sein Spiegelverhalten deutlich machen, was Sie über sich selbst noch nicht wissen oder nicht wahrnehmen wollen. Mit dem Spiegelverhalten zeigt Ihr Hund Ihnen eins zu eins, welches Verhalten Sie an den Tag legen (gleiches Spiegelverhalten). Oder Ihr Hund zeigt Ihnen ein gegenteiliges Verhalten (umgekehrtes Spiegelverhalten). Wenn Sie beispielsweise depressiv sind und dies nicht wahrhaben wollen, dann haben Sie beim gleichen Spiegelverhalten einen Hund, der apathisch, zurückgezogen und betrübt wirkt. Hoffentlich merken Sie das und machen sich Sorgen. Vielleicht fragen Sie sich, warum das so ist, und versuchen, ihn wieder aufzuheitern, was auch für Sie selbst vielleicht schon einen ersten Schritt zur Heilung bedeutet. Doch besser wäre, dass Sie irgendwann erkennen, dass Ihr Hund vielleicht deswegen so betrübt ist, weil auch Sie es sind, und sich dann helfen lassen. Sie versuchen dann nicht nur, Ihren Hund aufzumuntern, sondern auch selbst wieder zu mehr Lebensfreude zu finden.

Beim umgekehrten Spiegelverhalten würden Sie einen völlig aufgedrehten und energischen Hund vorfinden, der selten zur Ruhe kommt. Dieser Hund möchte Ihnen mit seinem überzogenen Verhalten zeigen, dass das Leben lebenswert ist und Sie in allem etwas Gutes finden können. Als deprimierter Mensch werden Sie mit einem überdrehten Hund sehr wahrscheinlich überfordert sein. Doch Ihr Hund möchte Sie keinesfalls absichtlich überfordern, sondern deutlich machen, dass Sie wieder in die Gänge kommen sollten. Helfen Sie sich nun selbst oder lassen Sie sich helfen. Wenn Ihr Heilungsprozess Fortschritte macht, wird der apathische Hund wieder Lebensfreude zeigen und der überdrehte mehr zur Ruhe kommen.

Das Spiegelverhalten Ihres Hundes muss aber nicht immer nur tiefe unbewusste Anteile in Ihnen an die Oberfläche holen. Wenn Ihr Hund gerade jetzt aufgedreht ist, weil Sie es auch sind, dann spiegelt er Ihnen Ihr Verhalten in der Gegenwart (leichter Spiegel). Sehen Sie sich doch bei Ihrem nächsten Spaziergang mal nervös wirkende Hunde an und werfen Sie dann auch einen Blick auf deren Besitzer. Die wirken oft auch nicht sehr ausbalanciert, sondern genauso aufgedreht wie ihr Hund.

In manchen Fällen kann das Spiegeln auch tiefer gehen. Ein gesunder introvertierter Mensch wird sich besonders von einem ruhigen und zurückgezogenen Hund angezogen fühlen. Und das ist gut so. Daran ist nichts falsch. Sie sollten sich den Hund anschaffen, der am besten zu Ihrer Persönlichkeit passt. Sind Sie allerdings nicht introvertiert, sondern haben Angst vor anderen Menschen, wird Ihr Hund Ihnen das höchstwahrscheinlich spiegeln. Sie werden es hoffentlich merken, und daran, dass sein Verhalten Sie emotional stark berührt, können Sie ablesen, dass Sie sich mit Ihrer Menschenscheu auseinandersetzen sollten. Ihr Hund spiegelt Sie aus drei Gründen: Damit Sie hinschauen. Damit Sie weniger leiden. Und vor allem, damit Sie reagieren und etwas ändern.

Krankheit als letztes Mittel zur Selbsterkenntnis

Neben dem Spiegelverhalten stehen Ihrem Hund noch andere Mittel zur Verfügung, um Sie auf etwas aufmerksam zu machen. Wir haben in unserem Buch *Mein Hund hat eine Seele* bereits darauf hingewiesen, dass es Hundebesitzer gibt, die aus dem Spiegelverhalten ihres Hundes nicht wirklich etwas lernen. Im Gegenteil: Sie setzen alles daran, das Verhalten ihres Hundes zu unterdrücken. Wenn dann der Hundetrainer ins Haus kommt, der dem Hund beispielsweise das Bellen abtrainiert, vielleicht sogar mit strengen und fragwürdigen Erziehungsmethoden, dann wird sich dieser Hund irgendwann den Mund verbieten lassen. Was soll er denn sonst tun? Schließlich will kein Hund sinnlos Widerstand leisten. Dieser Hund wird also nicht mehr bellen. Er nutzt das Bellen nicht länger als Spiegelverhalten. Doch er wird alles daransetzen, dass seine Botschaft verstanden wird. Daher greift er zum nächsten Mittel: Er wird körperlich krank.

Immer mehr Hunde erkranken an Allergien, Diabetes, Fettsucht, Arthrose, Depression, Panikattacken und Demenz – alles Krankheiten, die bisher dem Menschen vorbehalten waren. Tiere, die in der Wildnis leben, also keinen unmittelbaren Kontakt zum Menschen haben, leiden nicht an solchen westlichen Zivilisationskrankheiten. Tiere, die frei vom Menschen sind, brauchen keine Blutzuckermessung, auch sind sie von Nahrungsmittelunverträglichkeiten verschont. Tiere in der Wildnis hätten auch nicht die Möglichkeit, sich eine Insulinspritze geben zu lassen; auch achten sie nicht unbedingt auf fettarme

Kost. Was hier leicht überspitzt dargestellt wird, soll nur aufzeigen, dass Haustiere womöglich deswegen die gleichen Erkrankungen wie der Mensch haben, weil sie mit dem Menschen zusammenleben. Doch wie ist das möglich? Schließlich sind beispielsweise Diabetes oder Alzheimer keine ansteckenden Krankheiten. Davon abgesehen, übertragen sich Viren, Parasiten und Bakterien im Allgemeinen nur schwer von Menschen auf Tiere oder umgekehrt.

Bei der Suche nach Antworten auf die Frage, warum Hunde an Krankheiten leiden, die bis vor Kurzem nur der Mensch kannte, sollten Sie daher Ihren Blick auf die energetisch-spirituelle Ebene richten. Auf dieser Ebene können Krankheiten ebenso übertragen werden wie Emotionen und Gedanken auf der geistig-psychischen Ebene. Sie können von den Gefühlen anderer Menschen angesteckt werden, aber auch von deren körperlichen Symptomen, besonders dann, wenn Sie gerne das Leid aller anderen auf sich nehmen. Auf der energetisch-spirituellen Ebene können Sie die Krankheiten anderer Menschen übernehmen. Sie machen damit das Leid der anderen zu Ihrem eigenen Leid. Doch warum sollten Sie – und erst recht Ihr Hund – das tun?

Eine interessante Frage, auf die es mehrere Antworten gibt. Einerseits wissen Sie selbst, dass Sie sich nach einem ausführlichen Gespräch mit einem schlecht gelaunten oder depressiven Menschen womöglich schlechter fühlen als zuvor. Das liegt daran, dass Sie die Emotionen des anderen übernommen haben. Frei nach der Redewendung: Geteiltes Leid ist halbes Leid. Die andere Person konnte sich so richtig aussprechen. Ihr geht es ein wenig besser. Sie haben ungeschützt zugehört, und es geht Ihnen danach etwas schlechter. Sie haben sich das Leid geteilt wie einen Geburtstagskuchen. Wenn Menschen Emotionen und Gefühle sowie Einstellungen und Gedanken miteinander teilen können, dann können sie wahrscheinlich auch körperliche und psychische Krankheiten »austauschen«.

Wenn Sie die Gefühle und Symptome anderer Menschen übernehmen, tun Sie dies vielleicht aus dem (ungesunden) Bedürfnis
heraus, andere zu retten. Bei den meisten Menschen läuft dieses
Spiel der Symptomübertragung unbewusst ab. Es hat nicht wirklich heilsame Wirkung; schließlich bleibt die Ursache der Symptome des anderen Menschen völlig unberührt. Doch wenn dies alles
so ist, warum übernehmen dann Hunde die Krankheiten ihrer Besitzer?

Ihr Hund sieht, dass Sie leiden. Er sieht dies ungern, weil er
weiß, dass es auch ohne Leiden gehen würde. Ihr Hund kennt die
Ursache Ihrer Probleme und hat wahrscheinlich schon einiges unternommen, um Sie darauf aufmerksam zu machen. Er hat Ihnen
durch sein Spiegelverhalten gesagt, was mit Ihnen nicht stimmt,
oder er hat vergeblich versucht, Ihnen seine Botschaft telepathisch
zukommen zu lassen. Nun bleibt Ihrem Hund nicht mehr viel
übrig. Er kann als letztes Mittel nur noch eine Erkrankung mani-
festieren, damit Sie endlich aufwachen und Maßnahmen zu Ihrer
Heilung treffen. Wenn Ihr Hund eine bewusste oder unbewusste
Krankheit von Ihnen übernimmt, weil er Sie von Ihrem Leid ein
wenig entlasten möchte, dann tut er das aus Liebe. Er entlastet Sie
nur deswegen, damit Sie hinschauen, nicht, weil er alles für Sie
auflösen könnte. Seine Krankheit ist sein letzter Liebesakt, der Sie
hoffentlich aufwachen lässt. Über telepathische Botschaften Ihres
Hundes können Sie hinwegsehen, ebenso über ein unerwünschtes
Verhalten. Bei einer Krankheit aber, vor allem, wenn sie schwer-
wiegend ist, müssen Sie früher oder später hinschauen und sich
mit ihr befassen. Wenn Ihnen etwas an Ihrem Hund liegt, dann
können Sie nicht anders. Und das weiß Ihr Hund sehr gut. Er leidet für Sie, damit Sie sein Leid sehen und Rückschlüsse auf sich
selbst ziehen können.

Wenn Ihr Hund krank wird, um Sie zu »wecken«, sollten Sie sich deswegen keine Vorwürfe machen. Ihr Hund tut dies aus eigener Entscheidung heraus. Sie sollten aber auch nicht einfach nur dastehen und nichts tun. Hören Sie lieber die Alarmzeichen und wenden Sie Ihre Aufmerksamkeit auf die Heilung von Hund und Mensch. Jetzt sind Sie gefragt, sich die richtigen Fragen zu stellen. Nämlich ob die Erkrankung Ihres Hundes etwas mit Ihnen zu tun hat, und falls ja, was Sie tun müssen, um wieder Heilung und Harmonie in Ihr Leben zu bringen. Hinter fast jeder körperlichen Erkrankung steht auch eine seelische Botschaft.

Wenn Sie diese Seelenbotschaft verstehen, können Sie Krankheiten bei sich selbst und Ihrem Hund nicht nur auf schulmedizinischer Ebene beseitigen, sondern ganzheitlich meistern und daran wachsen. Sie haben dann auch kein Interesse mehr, das Symptom schnell zu unterdrücken, außer in Notfällen oder wenn es nicht anders geht. Stattdessen sind Sie sehr interessiert daran, zu erfahren, was Sie aus dieser Krankheit für sich selbst lernen können und wie sie Ihnen helfen kann, alte Muster loszulassen und neue Teile Ihres Selbst kennenzulernen. Diese neuen Anteile helfen Ihnen, sich zu einem gesünderen, freieren, erfüllteren und glücklicheren Menschen zu entwickeln. Damit sind Sie zurück auf Ihrem Weg. Jenem Weg, für den es sich zu leben lohnt.

Sie können Krankheiten natürlich auf der rein körperlichen Ebene angehen. Gönnen Sie sich und Ihrem Hund mehr Schlaf, mehr Ruhe, mehr frische Luft und gesunde Nahrung. Oder werden Sie auf der mentalen Ebene für sich und Ihren Hund aktiv, indem Sie Ihre Gedanken bewusster wahrnehmen und in Bereiche steuern, wo die Energie gesteigert wird. Sie können mithilfe von Massage, Sport, Bewegung, Pflanzenarzneien, Körpertherapien, Yoga und vielem mehr zu neuer Balance finden. Vielleicht wollen Sie aber auch tiefer gehen und nachsehen, ob Ihre Krankheit und die Ihres Hundes eine spirituelle Botschaft für Sie hat.

Wir möchten Ihnen mit der Tabelle im folgenden Abschnitt einige Impulse geben, wie Sie bestimmte Erkrankungen bei Ihrem Hund auf einer tieferen Ebene deuten und daraus neue Einsichten gewinnen können. Beachten Sie bitte, dass jedes Symptom individuell gesehen werden sollte. Sie sollten die Tabelle daher lediglich als eine Art Erste-Hilfe-Maßnahme begreifen.

Die tiefere Bedeutung von Erkrankungen Ihres Hundes

Hat Ihr Hund Beschwerden mit seiner Leber oder Milz? Plagen ihn immer wieder Schmerzen in seiner Pfote, oder ist sein Rücken oft verspannt? Verliert er langsam sein Sehvermögen? Sie sollten natürlich alles unternehmen, damit es Ihrem Hund körperlich besser geht, aber schauen Sie auch tiefer in das Problem, vor allem dann, wenn gewisse Symptome immer wieder auftreten, chronisch werden oder keine Besserung zeigen.

Ein Organ oder Körperteil ist nach dem Verständnis einer ganzheitlichen Medizin immer auch mit dem Geist verbunden. Das bedeutet, dass geistige Ursachen ein körperliches Symptom hervorrufen können. Mithilfe der folgenden Übersicht können Sie bestimmte Organe und Körperteile Ihres Hundes geistigen Eigenschaften zuordnen.

Betroffener Körperteil beim Hund	Aktion/steht für
Augen	Wahrnehmung, Einsicht, Präsenz, Realitätssinn, Zugang zur Seele
Bauch	Sitz der tiefen Gefühle, Instinkte sowie Urängste, Verarbeitung der Emotionen und Eindrücke
Gelenke	Flexibilität und Aktivität, Verbundenheit, Sozialkontakte, Verstrickungen mit anderen Lebewesen
Hinterbeine	Bewegung, Beweglichkeit, Fortschritt im Leben, Vorwärtskommen, Antrieb
Hüfte	Entscheidungskraft, Entscheidungswille, Klarheit, Fortschritt
Knochen	Standfestigkeit, Normerfüllung, Stabilität
Kopf	Sitz des Intellekts, des Verstands und der Gedanken
linke Körperseite allgemein	Weiblichkeit, Empfangen, Intuition, Emotionen
rechte Körperseite allgemein	Männlichkeit, Wille, Aktion, Logik, Analyse
Muskeln	Bewegung, Kraft, Aktion, Durchsetzungsvermögen
Nacken	Zusammenspiel von Gefühl und Intellekt, aber auch Starrsinn
Pfoten	Standhaftigkeit, Beständigkeit, Bodenständigkeit, Erdung
Schwanz	Balance, Kommunikation, Ausdruck
Sehnen	Zusammenhalt, emotionale und mentale Stärke
Vorderbeine	Richtung, Entschleunigung
Wirbelsäule/ Bandscheiben	Halt und Stabilität, gleichzeitig Flexibilität und Dynamik
Zähne	Durchsetzungskraft, Problembewältigung, Aggression

Betroffenes Organ beim Hund	Gefühl/steht für
Bauchspeicheldrüse	Lebensfreude, Genuss, aber auch Sorge, Verwirrung, Resignation
Blase	Furcht, Ungeduld, Nervosität, Gefühle zeigen, Loslassen
Darm	Verarbeitung körperlicher Eindrücke, Gleichgewicht zwischen Annehmen/Festhalten und Loslassen/Abgeben
Gallenblase	Aggression, Bitterkeit, Wut, Unterdrückung negativer Emotionen, Mut zu Entscheidungen
Haut	Abgrenzung und Austausch, Grenze zu anderen, Spiegel des Innenlebens
Herz	Liebe, Mitgefühl, Selbstwertgefühl, Sitz der Lebenskraft
Hirn	Verarbeitung von geistig-seelischen Eindrücken, Logik, analytisches Denken
Leber	Ärger, Zorn, Wut, Angst vor Konfrontation, Durchsetzungsvermögen, Eifersucht
Lunge	Freiheit, Eigenständigkeit, für sich selbst stehen können, Kontakt, Kommunikation, Austausch, sich Raum nehmen
Magen	Unsicherheit, Ekel, Enttäuschung, emotionaler Hunger
Milz	Nachdenklichkeit, Sorgen, Unentschlossenheit, Verwirrung, Grübeln, Besorgnis
Niere	Angst, Schrecken, Panik, Schuldgefühle
Schilddrüse	Wachstum, Fortschritt, Harmonie des eigenen Systems, Gleichgewicht zwischen Apathie und Aktionsdrang

Wenn Sie sehen, dass Ihr Hund Schwierigkeiten mit einem Organ oder Körperteil hat, können Sie auf der psychosomatisch-geistigen Ebene

Antworten auf sein Problem finden. Entweder hat Ihr Hund für sich selbst ein Konfliktthema, das aufgelöst werden sollte. Hunde sind schließlich eigenständige Lebewesen mit einer individuellen Persönlichkeit. Sie kommen genauso wie der Mensch mit eigenen Lebensthemen und Aufgaben auf die Welt, die sie meistern wollen – und aus denen Krankheiten erwachsen können. Ebenso gut ist aber möglich, dass Ihr Hund ein Problem von Ihnen übernommen hat, das Sie wieder zu sich zurücknehmen und transformieren sollten. Und das tun Sie ganz natürlich, indem Sie Verantwortung für sich selbst und Ihre Gesundheit übernehmen und nach innen schauen. Wenn Sie sich auf diese Weise um Ihre Heilung kümmern, entlastet dies auch Ihren Hund vom ersten Moment an. Er muss nicht mehr das Leid für Sie tragen, weil Sie sich wieder um sich selbst kümmern.

Wie unterscheiden Sie aber zwischen Problemen, die Ihr Hund für sich selbst hat, und solchen, die er von Ihnen übernommen hat? Nehmen Sie den Grad Ihrer inneren Betroffenheit als Kriterium: Wenn die Krankheit Ihres Hundes Sie emotional nicht stark beeinträchtigt, können Sie davon ausgehen, dass Ihre Aufgabe vorwiegend darin besteht, Ihrem Hund dabei zu helfen, wieder gesund zu werden. Ein geringerer Grad an emotionaler Betroffenheit Ihrerseits bedeutet nicht, dass Sie nicht mitfühlend oder fürsorglich wären. Sondern eher, dass die Erkrankung Ihres Hundes in Ihnen keine eigenen unbewussten Themen triggert. Sie merken das daran, dass Sie eine natürliche Distanz zur Krankheit Ihres Hundes haben, Ihr Leben trotzdem weiterhin mit Freude leben können und selbst keine emotionalen Dramen durchleben. Wenn Sie aber spüren, dass die Krankheit Ihres Hundes Gefühle von Trauer, Angst, Frustration, Unsicherheit und Ähnliches in Ihnen auslöst, sind Sie aufgerufen, den Fokus auf sich selbst zu richten. Womöglich hat die Erkrankung Ihres Hundes nicht direkt etwas mit Ihrem eigenen Gesundheitszustand zu tun. Ihr Hund muss also die Krankheit nicht direkt von Ihnen übernommen haben. Wenn Sie aber stark emotional belastet sind, deutet dies darauf hin, dass es in Ihnen etwas gibt – ein eigenes persönliches Thema –, das näher angeschaut werden möchte.

Aus spiritueller Sicht ist es kein Zufall, dass Sie ausgerechnet diesen Hund mit dieser Persönlichkeit und dieser Krankheit bei sich haben. Auf unbewusster Ebene haben Sie einander angezogen, um gemeinsam durch dick und dünn zu gehen. Es kann sein, dass Ihr Hund bei Ihnen ist, weil Sie der Mensch sind, der am besten dazu geeignet ist, ihm die Unterstützung zu geben, die er braucht, um wieder gesund zu werden. Es kann aber auch sein, dass Sie diesen Hund deswegen in Ihr Leben geholt haben, weil dieser Vierbeiner Ihnen das Beste bietet, was Sie für Ihre Persönlichkeitsentwicklung und Horizonterweiterung benötigen.

Noch einmal: Sie sollten sich bei alledem stets vor Augen führen, dass Sie für die Krankheit Ihres Hundes nicht verantwortlich sind. Aus spiritueller Sicht sind Sie nie für die Probleme und Herausforderungen anderer Lebewesen verantwortlich. Jedes Lebewesen entscheidet sich aus der Sicht der Seele selbst, durch eine Krankheit zu gehen, um jene Erfahrungen zu sammeln, die es braucht, um über sich hinauszuwachsen. Daher sollten Sie stets die Verantwortung für Ihr eigenes Sein übernehmen und dort zuerst hinschauen. Wenn Sie bei sich selbst beginnen, dann werden Sie oft kein Bedürfnis mehr spüren, bei anderen aufzuräumen. Sie wissen dann, wo Ihr Verantwortungsbereich liegt, können sich damit auch auf gesunde Weise von anderen abgrenzen und ihnen ihre eigenen Lebensthemen lassen. Sie dürfen natürlich trotzdem jedem Hilfe und Unterstützung geben, aber nur dann, wenn Sie danach gefragt werden. Gleichzeitig sollten Sie wissen, dass jedes Lebewesen lernen sollte, die Verantwortung für sein eigenes Leben zu übernehmen – und damit für alles Positive und auch Negative, das geschieht. Beides gehört zum Ganzen dazu. Ohne Pluspol gäbe es keinen Minuspol. Wir brauchen beides, um irgendwann einmal die Ebene von Plus und Minus zu verlassen und die Grenzen des dualen Denkens zu sprengen. Wir treten dann aus der Dualität hinaus und gehen den Weg der Transzendenz, die höchste Entwicklungsstufe eines Lebewesens. Womöglich ist dies der Hauptgrund dafür, dass wir Erfahrungen machen wollen. Nämlich um irgendwann einmal aus der Dualität von Plus und Minus auszusteigen und zu sehen, dass es etwas gibt, was darüber hinausgeht.

Lassen Sie uns nun einen Blick auf die häufigsten Krankheiten werfen, die Hunde betreffen. Und lassen Sie uns davon ausgehen, dass die Krankheit eigentlich den Besitzer betrifft und sein Vierbeiner diese für ihn »austrägt«, um den Menschen davon zu entlasten oder ihn auf die Themen dahinter aufmerksam zu machen. Sobald Sie diese Möglichkeit in einem ersten Schritt gedanklich akzeptieren konnten, wird es Ihnen leichter fallen, die Entlastung, die Ihr Hund Ihnen anbietet, auch anzunehmen. Ihr Hund hat sich aus freien Stücken dazu entschlossen. Und vielleicht sind Ihre Symptome so ausgeprägt, dass es durchaus Sinn ergibt, sie auf zwei Lebewesen aufzuteilen. Mit der Entlastung durch Ihren Hund haben Sie die Möglichkeit, Atem zu holen und Kraft zu schöpfen, um sich im Anschluss um Ihre eigene Heilung zu kümmern. Geben Sie sich also nicht die Schuld für die Erkrankung Ihres Hundes, sondern nehmen Sie sein Angebot für Heilung an!

Schauen Sie sich an, wie Sie seelische Botschaften bei Krankheitssymptomen, die Sie bei Ihrem Hund feststellen, die aber für Sie gedacht sind, deuten können. Verstehen Sie unsere Beschreibung lediglich als Orientierungshilfe und Ideenimpuls und seien Sie sich darüber im Klaren, dass jeder Mensch und jeder Hund ein ganz individuelles Wesen ist und dass damit auch jede Krankheit ihre individuelle Ausprägung besitzt.

Körperliche Krankheit beim Hund	Botschaft an den Besitzer	Lösung für den Besitzer
Allergie allgemein	Du akzeptierst dich oder deine Umwelt nicht so, wie sie ist. Stattdessen bist du oftmals auf Widerstand und Abwehr ausgerichtet. Du willst die Realität nicht wahrhaben.	Akzeptiere, dass deine unerwünschte Realität Teil eines Wachstumsprozesses ist, der deinen Horizont erweitern wird. Nutze das Negative als Kraftquelle zur Transformation. Sieh der Realität in die Augen und bejahe sie so, wie sie ist.
Allergie auf Lebensmittel	Du akzeptierst Teile deines Körpers nicht. Du bist mit dir selbst nicht verbunden. Es fällt dir schwer, Lebensfreude zuzulassen und das Leben sinnvoll zu gestalten.	Akzeptiere, dass es dein freier Wille ist, einen Körper zu haben. Er hilft dir, dich auszudrücken und die fünf Sinne spürbar zu machen. Setze sie ein, um mehr Lebensfreude und Leidenschaft im Leben zu erlangen. Betrachte deinen Körper als Geschenk.
Allergie auf Milben, Flöhe, Grassamen	Du hast eine Abwehr der Natur gegenüber und lehnst deine irdischen Wurzeln ab. Du glaubst, es herrscht zu viel Böses, gegen das du dich ständig wehren musst.	Akzeptiere das Böse und lerne, die Angst vor dem Negativen ins Positive zu verwandeln. Sieh in jedem Ereignis die Chance, dich selbst neu zu erfinden. Verbinde dich mit der Erde und schließe Frieden mit ihrer Existenz.
Allergie gegen sich selbst (Autoimmunerkrankungen)	In dir herrscht aufgrund von destruktiven Gedankenmustern ein Drang, dich selbst zu zerstören. Du hast gelernt, dich selbst nicht zu lieben, weil andere es auch nicht taten. Gleichzeitig lebst du fremdbestimmt und machst dich abhängig von den Meinungen anderer.	Lerne, Frieden mit dir selbst zu schließen und dir für alles Leid, das du dir selbst angetan hast, zu vergeben. Bitte dich selbst um Verzeihung und lass destruktive Gedankenmuster, die dir auffallen, in Liebe gehen. Mach dich frei von den Dogmen deiner Familie und Gesellschaft und entscheide selbst, was du sein und tun willst.
Arthritis (Gelenkentzündung)	Zwang und Verpflichtungen bestimmen dein Leben, von denen deine Seele sich jedoch verabschieden will. Dein innerer Antreiber zwingt dich zu ungesunden Aktivitäten, die dich zwanghaft beschäftigt halten.	Gestehe dir ein, dass dein ständiges Beschäftigtsein auf Kosten von Lebensfreude, Achtsamkeit und Genuss geht. Du verpasst im zu schnellen Rennen das Leben, weil du nicht die Schönheit der Gegenwart genießen kannst.

Körperliche Krankheit beim Hund	Botschaft an den Besitzer	Lösung für den Besitzer
Arthrose (Gelenkabnutzung)	Du empfindest das Leben als Kampf, was im Endeffekt an deine Substanz geht. Du tust Dinge, die deinen Körper abnutzen, weil sie sich schwer und hart anfühlen. Du gehst verbissen durch den Alltag und bist kaum bereit, etwas daran zu ändern.	Verbinde dich mit der Muse des Lebens. Lass los von starren Gedankenmustern und widme dich femininen Ausdrucksenergien wie Kunst, Kultur, Tanz, Gesang, Sport, Malerei und anderen Tätigkeiten, die dich wieder mit der Blüte und sanften Seite des Lebens verbinden. Öffne dein Herz und betrachte das Leben aus der Liebe heraus. Das macht dich wieder flexibel, sanftmütig und hingebungsvoll.
Augenentzündung	Es fällt dir schwer, der Realität in die Augen zu sehen. Du willst die Wahrheit nicht erkennen und hast sie mit einem Schleier belegt. Du schaust lieber weg, anstatt dich mit ihr zu konfrontieren.	Schau dir bewusst die Realität an, die du dir selbst erschaffen hast. Und wenn sie dir nicht gefällt, dann ändere sie. Gehe der Wahrheit nicht mehr aus dem Weg, sondern stelle dich ihr. Sei ehrlich zu dir selbst und dem Leben.
Bandscheibenvorfall/Dackellähme	Du bist überlastet. Du trägst zu viel Last für dich und/ oder andere. Du glaubst, die Schuld und Verantwortung für etwas tragen zu müssen, was nicht für dich gedacht ist. Du nimmst die Last der Welt auf dich und bist unflexibel im Alltag unterwegs. Du kümmerst dich zu viel um andere, aber zu wenig um dich selbst und dein persönliches Wohlbefinden.	Grenze dich von den Themen anderer Menschen ab und lerne, deine eigenen mit mehr Gelassenheit anzugehen. Löse dich von der Schwere des Lebens und beginne, es mit den Augen eines unbeschwerten Kindes zu sehen. Nimm dir vor, auch schwere Dinge ab nun leicht und kreativ anzugehen. Empfinde wieder Lust an der Veränderung, die sich ab jetzt ganz natürlich vollzieht.
Blasenentzündung	Du hältst krampfhaft an etwas fest, erlaubst dir nicht loszulassen und bleibst somit in der Vergangenheit stecken. Du bist zu wenig in der Gegenwart und schweifst zu viel mit deinen Gedanken umher.	Verzeihe dir deine Fehler. Nutze deine Vergangenheit, um eine bessere Zukunft zu gestalten. Lass los von dem, was dich zurückhält, und schaffe somit Raum für etwas Neues. Komm ins Hier und Jetzt und lass alles los, was dir nicht mehr dienlich ist.

Körperliche Krankheit beim Hund	Botschaft an den Besitzer	Lösung für den Besitzer
Diabetes	Du steckst in einem alten Kummer fest, der dir die Süße des Leben vergällt. Du bist enttäuscht über etwas, was einmal war, und hast diese Situation immer noch nicht verdaut. Du hast eine unstillbare Sehnsucht nach der Liebe und der Süße des Lebens.	Mach dich nicht abhängig vom Verhalten anderer und sei weniger enttäuscht über das Leben und das, was einmal war. Akzeptiere die Vergangenheit und alle Enttäuschungen und beginne ein neues Leben. Widme dich allem, was wieder Liebe, Süße, Schönheit, Muse und Inspiration in dein Leben bringt. Lass das Kind in dir wieder strahlen.
Durchfall	Es fällt dir häufig nicht leicht, mit Stress umzugehen, und du vergisst dann, auf dich aufzupassen. Du tust dich auch schwer damit, das gut Verdauliche vom Schlechten zu trennen, auch mental gesehen. Du bist generell zu schnell unterwegs.	Lerne zu erkennen, was dir guttut und was nicht. Gönne dir reichlich Pausen, um alles bestens zu verdauen. Stresse dich nicht, sondern bestimme du selbst, in welcher Geschwindigkeit du unterwegs sein willst. Gestalte dir das Leben so, wie du es dir wünscht.
Epileptische Anfälle	Du bist nicht bereit, über dein Leben zu bestimmen, oder versuchst, alles krampfhaft unter Kontrolle zu halten. Beides tut dir nicht gut. Du findest noch nicht das richtige Maß an Selbstbestimmtheit und Vertrauen in den Fluss des Lebens. Du hängst an destruktiven Mustern fest, die meist gegen dich selbst gerichtet sind.	Erkenne, wofür du die Kontrolle übernehmen sollst und was du dem Fluss des Lebens überlassen kannst. Entspanne dich, lasse dich vom Leben tragen. Verwandle Destruktion in Konstruktion und entscheide selbst ganz bewusst, wie du dein Leben gestalten willst. Begegne dir selbst jedenfalls mit mehr Liebe und Mitgefühl.

Körperliche Krankheit beim Hund	Botschaft an den Besitzer	Lösung für den Besitzer
Fettleibigkeit	Du weißt oft nicht, wann es genug ist. Es fehlt dir die innere Balance, die du mit einem Übermaß an Essen kompensierst. Du übernimmst vielleicht auch zu viel von anderen oder schluckst zu viel Frust herunter. Du bist womöglich sehr sensibel, hast dich aber entschieden, dir eine dicke Haut zuzulegen, weil du mit gewissen Situationen nicht umzugehen weißt.	Finde nicht nur in der Nahrung die Erfüllung der Wünsche und Sehnsüchte, die dich begleiten, sondern lebe deine Träume. Gib ab, was zu viel ist oder was du von anderen übernommen hast. Schluck Frust und Kummer nicht mehr runter, sondern begegne all deinen Gefühlen auf heilsame Weise. Liebe dich selbst und dein Leben. Finde jene Balance, die dich mit Lebenskraft und Energie füllt.
Hautjucken/ Schuppen	Du fühlst dich unwohl in deiner Haut. Du traust dich nicht, dich so zu zeigen, wie du bist. Etwas im Leben nervt dich gewaltig, von dem du denkst, dass du es nicht ändern kannst. Es fällt dir schwer, dich selbst zu akzeptieren und dein Leben selbstbestimmt zu leben.	Mach dich unabhängig von den Meinungen anderer und lebe dein eigenes Leben. Lerne, dich so zu lieben, wie du bist. Ändere deine Lebensumstände, sodass du dich wieder wohl in deiner Haut fühlst. Ändere dich aus Liebe zu dir selbst heraus.
Herzprobleme	Dein Herz wurde verletzt und ist daher verschlossen. Du wurdest emotional verwundet und hast den Schmerz nicht heilen können. Es fällt dir schwer, Liebe und Freude ganz in dein Leben zu lassen. Du gehst zu kopflastig durchs Leben.	Widme dich immer mehr der Liebe und lass die Liebe dein verschlossenes Herz heilen. Löse dich von der Härte, mit der du dem Leben begegnest, und habe den Mut, wieder weich, sensibel und einfühlsam zu sein. Lerne, durch Vergebung alte Wunden zu heilen.

Körperliche Krank-heit beim Hund	Botschaft an den Besitzer	Lösung für den Besitzer
Hüftgelenksdysplasie	Du fühlst dich manchmal machtlos und handlungs-unfähig. Du hast die Zügel deines Lebens aus der Hand gegeben und fühlst dich den Umständen ausgelie-fert. Du siehst keine Mög-lichkeit für Wachstum und Fortschritt.	Nimm deine Macht wieder zu dir und gehe die richtigen Ziele im Leben an. Falsche Ziele erkennst du daran, dass es nicht deine eigenen sind, sondern die jener Menschen, die dich zu deinem Nachteil beeinflusst haben. Öffne dich deiner Kraft und sage Ja zu deiner Macht.
Inkontinenz (siehe auch Blasenentzünd-ung)	Über die Jahre aufgestaute Emotionen kommen jetzt an die Oberfläche. Du hast es dabei schwer, diese un-ter Kontrolle zu halten.	Öffne dich in einem geschützten Rahmen heilsam deinen Emo-tionen und geh ganz sanft und bewusst mit ihnen um. Löse dich von alten Wunden und Traumata und werde frei.
Magendrehung	Du hast das Gefühl für das optimale Tempo ver-loren. Stattdessen bist du zu schnell unterwegs und mutest dir auch zu viel zu. Dir fällt es schwer, die rich-tige Balance zu finden, und du bist daher auch ständig vom Außen abgelenkt.	Gib dem Körper mehr von dem, was du ihm bisher vorenthältst – sei es Schlaf, Erholung, Pflege, gesundes Essen, guter Sex, Zärt-lichkeit und vieles mehr. Lerne, mehr auf dein Inneres zu hören, und geh den Tag fokussierter und achtsamer an.
Ohrenentzündung	Du machst die Ohren zu, weil du etwas nicht hören willst, was dich verletzen könnte. Du hast dich daher entschieden, dem Außen den Rücken zuzukehren. Kritik anderer nimmst du schnell als Vorwurf. Du willst nicht mehr hören, was an-dere sagen. Oder du hast verlernt, auf die Botschaften deiner Seele zu hören.	Höre bewusst auf das, was du nicht hören willst, und begegne diesen Stimmen ganz sanft und behutsam. Verurteile sie nicht mehr, sondern lausche ganz wert-frei hin. Fühle dabei die Gefühle und Gedanken, die hochkom-men, und öffne dich der inneren Stimme, die zu dir spricht. Ver-schließe dich nicht mehr, sondern öffne dich.

Körperliche Krankheit beim Hund	Botschaft an den Besitzer	Lösung für den Besitzer
Scheinträchtigkeit	Du bist von einem unerfüllten Kinderwunsch beherrscht. Du sehnst dich nach der Mutterrolle, willst andere bemuttern. Du erlaubst anderen selten, ganz unabhängig von dir zu werden. Du neigst dazu, dein Haustier zu vermenschlichen.	Gestehe dir deine tiefe Sehnsucht nach Kindern und Bemutterung ein. Kümmere dich als Nächstes mehr um dich selbst, statt andere zu umsorgen. Wenn du eine gute Mutter sein willst, dann gib anderen alle Freiheit, die sie brauchen, um unabhängig und selbstbestimmt ihr Leben zu leben.
Schilddrüsenüberfunktion	Du gönnst dir zu wenig Pausen und Ruhe. Stattdessen bist du hyperaktiv und stehst oft unter Strom. Du machst mehr, als dir guttut.	Entschleunige dich und mach dir klar, dass weniger mehr sein kann. Verabschiede dich von deinem inneren Antreiber und ticke nach deiner eigenen Uhr.
Schilddrüsenunterfunktion	Dir fehlt der richtige Antrieb im Leben. Du hast wahrscheinlich keine Ziele oder verfolgst die falschen. Du hast vergessen, warum du auf die Welt gekommen bist und was dich wirklich ganz erfüllt. Stattdessen eiferst du einem Ideal nach, das dir nicht entspricht.	Was sind deine Träume und Sehnsüchte? Was fasziniert dich? Was treibt dich von ganz tief drinnen her an? Löse dich vom »Das muss so sein, das muss ich machen« und geh deinen eigenen Weg, der dich begeistert. Deine Aufgabe ist, das zu finden, was dich wieder lebendig macht.
Spondylose (siehe auch Bandscheibenvorfall)	Du lädst dir zu viel auf. Die Verantwortung oder Last, die du für andere trägst, schränkt dein Leben mehr und mehr ein. Bandscheibenvorfall ist punktuell, Spondylose zieht sich über mehrere Jahre.	Finde deine Flexibilität wieder. Versuche nicht, jede schwere Situation mühsam zu bewältigen, sondern finde einen leichteren Weg, diese Situation zu lösen. Lass deinen Geist freier werden und löse dich von eingefahrenen Mustern, indem du sie beobachtest und dich von ihnen verabschiedest.

Körperliche Krank-heit beim Hund	Botschaft an den Besitzer	Lösung für den Besitzer
Analdrüsen-verstopfung	Du fürchtest dich davor, negativ aufzufallen oder überhaupt wahrgenommen zu werden. Du versuchst, in der Masse unterzugehen. Du tust dich schwer damit, Ecken und Kanten zu zeigen und bist stattdessen immer auf (Schein-)Harmonie aus. Du glaubst, immer lieb und nett sein zu müssen, um von anderen gemocht zu werden.	Erkenne deine dunklen Seiten, stehe zu ihnen und drücke sie produktiv aus. Erkenne, dass das Leben in der Dualität abläuft: Gutes kann es nur geben, wenn es auch Schlechtes gibt. Ver-traue dir selbst, lerne dich wert-zuschätzen und dich und deine Einzigartigkeit der Welt offen zu zeigen, mit deinen positiven und negativen Eigenschaften.
Tumor/Krebs	Du stehst in einem Konflikt zwischen deinem Körper, deinem Geist und deiner Seele. Du lässt Wachstum nicht zu und unterdrückst Emotionen, Gefühle und Lebensenergie. Du gibst die Macht über dein ei-genes Leben ab. Du lässt dich stark fremdbeeinflus-sen, was dazu führt, dass du in deiner Entwicklung nicht weiterkommst.	Auch wenn du körperlich bereits ausgewachsen bist, ist es an der Zeit, auch geistig und seelisch zu wachsen. Du solltest nun be-reit sein, Altes gehen zu lassen und dich in deiner Persönlichkeit rasant weiterzuentwickeln. Das große Thema ist Befreiung. Werde frei von allem, was dich in deinem Sein und Tun noch einschränkt.
Verstopfung	Du hast ein Problem damit loszulassen und hältst lieb-er an alten Erfahrungen, Menschen und Situationen fest. Du steckst zu sehr im Alten fest, weil du Angst vor der Zukunft hast und deine Sicherheit in der Vergan-genheit suchst.	Lerne loszulassen. Verabschiede dich zunächst von kleinen Dingen, die dir schwerfallen, und trenne dich dann immer mehr auch von größeren Sachen. Komm mit dei-nen Gedanken ins Hier und Jetzt und vertraue darauf, dass in der Zukunft alles möglich ist.

Körperliche Krankheit beim Hund	Botschaft an den Besitzer	Lösung für den Besitzer
Zahnprobleme	Du bist nicht gewillt, dich klar für dies oder jenes zu entscheiden, und wenn du doch eine Entscheidung getroffen hast, fehlt dir der Mut oder der Wille, sie durchzusetzen. Du stehst nicht hinter deinen Entscheidungen und jammerst lieber über die »böse Welt«, die ungünstige finanzielle Lage oder die Politik, statt dir zuzugestehen, dass du alle Kraft in dir trägst, um das durchzusetzen, was du dir vornimmst.	Stärke deinen Entscheidungswillen zunächst mit kleinen Dingen. Entscheide klar, was du willst und wovon du lieber Abstand nehmen möchtest. Mach dir bewusst, dass es keine falschen Entscheidungen gibt, denn jede Entscheidung führt dich in eine neue Erfahrung, die etwas Wertvolles für dich bereithält. Entscheide lieber, als es nicht zu tun, und vertraue dabei auf dein Bauchgefühl.
Zecken, Flöhe, Würmer und andere Parasiten	Du bist in der Opferrolle gefangen, opferst dich für andere auf und vergisst dabei dich selbst. Du glaubst nicht an dich, nicht an deine Stärken und denkst, dass du nicht besonders wichtig bist. Du schenkst anderen mehr Aufmerksamkeit als dir selbst.	Lerne, dich abzugrenzen und Abstand zu nehmen. Erkenne Energievampire und frage dich, warum du sie in dein Leben gelassen hast. Stärke dein Selbstwertgefühl. Du bist wichtig für diese Welt, musst dafür aber in deiner Kraft bleiben.
Zwangsverhalten, Stereotypen, auch Ballfixiertheit	Du flüchtest vor der Realität. Du hältst krampfhaft an dem fest, was du kennst, statt dich auf Neues einzulassen. Du lebst in der Angst vor Veränderung, Angst vor der Welt um dich herum, Angst vor deiner eigenen Kraft. Du weißt nicht mit Stress umzugehen. Alles bleibt immer beim Alten. Du verschwendest deine ganze Energie aufs Zu-viel-Denken.	Erlaube dir, zu wachsen und neue Erfahrungen zu sammeln. Öffne dich der Welt und ihrer Vielfalt. Probiere immer wieder neue Dinge aus, und du wirst bald merken, dass sie dir Spaß machen und dich aus dem monotonen Alltag holen. Achte gut darauf, auf was du deine Aufmerksamkeit richtest. Lass das ständige Denken los und höre lieber auf dein Herz.

Schlusswort

Die Mission der Tiere auf der Ende

Tiere kommen mit einer großen Mission auf die Erde. Haustiere kümmern sich um das Wohlbefinden des Menschen. Wildtiere bemühen sich, in ihren Lebensräumen das Gleichgewicht auf dem Planeten zu erhalten. Wir dürfen den Tieren dafür sehr dankbar sein. Mit ihrer Anwesenheit und ihrem Wirken tun sie alles, damit die Welt in Balance kommt. Tiere sind Botschafter der Liebe, Weisheit, Fürsorge und Einheit. Wenn der Mensch ihre Botschaften verstehen lernt, kann er genau wie sie zum Meister in bedingungsloser Liebe, Vergebung und Empathie werden. Tiere begleiten uns auf diesem Weg. Sie sind unsere besten Freunde, aber auch faszinierende Seelenverwandte. Ihre Seele ist voller Liebe und Hingabe. Sie gehören zu jenen Lebewesen, die all ihre Liebe vorbehaltlos zeigen.

Tiere sind Menschenversteher. Sie kennen die spirituellen Entwicklungswege des Menschen und unterstützen ihn bestmöglich darin, mehr Freiheit, Hingabe und Einsicht über sich selbst zu erlangen. Wenn Sie einem Tier in die Augen sehen (ohne es zu provozieren), werden Sie darin viel Seele entdecken. Die Augen der Tiere sind liebevoll und mitfühlend. Tiere sehen die Welt mit diesen Augen – auch wenn der Mensch nicht immer nett zu ihnen ist. Der Mensch quält Tiere schon seit Menschengedenken, er fügt ihnen Leid und Schmerz zu. Und trotz allem schaffen es Tiere, Menschen zu lieben. Sie verzeihen uns und nehmen sogar die Qualen auf sich, die wir ihnen zufügen. Und das nur, um die energetische Schwingung auf der Erde zu erhöhen und dem spirituellen Ganzen zu dienen.

Womöglich haben Tiere auch einen ganz bestimmten Wunsch: Der Mensch soll irgendwann einmal erkennen, dass es einen Ausweg aus der Qual gibt. Schmerz und Leid könnten bald der Vergangenheit angehören. Der Mensch hat lange genug sich selbst, andere Menschen und Tiere gequält. Es ist nun die Zeit gekommen, in der wir das Leid beenden dürfen. Tiere können uns in ein Leben frei von Schmerz führen. Durch sie kann der Mensch den Traum von einer Welt in Liebe und Frieden verwirklichen.

Und eines sollten Sie nicht vergessen: Tiere gab es schon lange, bevor der erste Mensch auf diese Erde kam. Die Tierwelt wird die Menschheit überleben. Zwar haben wir die stärkeren mentalen Fähigkeiten, aber Tiere wissen mehr über das Leben, die Erde und das große Ganze als wir Menschen. Und dieses Wissen sind sie bereit mit uns zu teilen.

Wir wünschen Ihnen auf Ihrem lichtvollen Weg mit Ihrem Tier nur das Beste. Lassen Sie sich von Ihrem Tier tief berühren und vertrauen Sie seinem Herzen.

Laurent & Asim

Dank

Wir danken unserem Hund Rio, der alles unternommen hat, damit wir das Wissen erlangten, um dieses Buch zu schreiben. Wir lieben dich, Rio.